Vorrichtungen zum staubfreien Umfüllen und Verpacken staubförmiger Stoffe

Herausgegeben

von der

Berufsgenossenschaft der Chemischen Industrie

anläßlich der

Internationalen Hygieneausstellung

Dresden 1930

Erscheint gleichzeitig als Beiheft 19
zum Zentralblatt für Gewerbehygiene und Unfallverhütung.
Verlag von Julius Springer, Berlin.

ISBN 978-3-662-42665-4   ISBN 978-3-662-42942-6 (eBook)
DOI 10.1007/978-3-662-42942-6

Vorwort.

In den Jahresberichten der Berufsgenossenschaft der chemischen Industrie sind zwei Abschnitte für die Mitgliedsbetriebe hinsichtlich der Unfall- und Krankheitsverhütung besonders wichtig. Es sind dies: „Bemerkenswerte Unfälle" und „Neue Schutzvorrichtungen". Während in dem einen Teil aus der Schilderung des Verlaufs vorgekommener Unfälle und Erkrankungen, der Erforschung der in den Betrieben festgestellten Ursachen und aus den Angaben über die gleichzeitig dabei in Angriff genommenen Maßnahmen zur Vermeidung der Wiederholung der gleichen oder ähnlichen Unfälle, Lehren für die Erhöhung der Betriebssicherheit gezogen werden können, gibt der andere Berichtsteil Aufschluß über in den Mitgliedsbetrieben angetroffene, dort bewährte Schutzeinrichtungen oder über sonst bekanntgewordene Neuerungen für den Arbeitsschutz.

Infolge der Verordnungen des Reichsarbeitsministers über die Ausdehnung der Unfallversicherung auf gewisse Berufskrankheiten hat die Berufsgenossenschaft ihre bisherigen Bestrebungen zur Vorbeugung und Verhütung der möglichen Berufskrankheiten verstärkt. Wenn auch in den gesetzlichen Bestimmungen über die entschädigungspflichtigen Berufskrankheiten, z. B. bei der gewerblichen Staublungenerkrankung, nur bestimmte Betriebe oder Arbeitsverrichtungen und bestimmte Staubarten Aufnahme gefunden haben, so hat der Genossenschaftsvorstand es für zweckmäßig gehalten, darüber hinaus der Frage der Staubverhütung und Staubbeseitigung in den Mitgliedsbetrieben in größerem Umfange nachzugehen und sie in den Jahresberichten zu behandeln.

Die technischen Aufsichtsbeamten erhielten daher im Jahre 1928 die Aufgabe, gelegentlich ihrer Betriebsbesichtigungen Beobachtungen und Erfahrungen darüber zu sammeln, in welcher Weise in den Betrieben der chemischen Industrie beim Umfüllen und Verpacken staubförmiger Stoffe der Verhütung der Entstehung von Staub und der gefahrlosen Beseitigung des Staubes Rechnung getragen wird. Hierbei sollte ohne weitere theoretische Erörterungen und Begründungen lediglich die praktische Ausführung von Staubmilderungs- und Staubbeseitigungsanlagen durch kurze Beschreibungen und Abbildungen behandelt werden.

Diese Sonderarbeit für den Jahresbericht der Aufsichtsbeamten förderte eine ganze Reihe von gut durchdachten und bewährten

Einrichtungen zutage, so daß es wünschenswert schien, sie durch Veröffentlichung zunächst den an der Lösung der Staubfrage beteiligten Mitgliedsbetrieben bekanntzugeben, um die bereits auf diesem Gebiet Arbeitenden zur Vervollkommnung des Erreichten und die bisher noch abseits stehenden Mitglieder zur Mitarbeit an der Staubbekämpfung anzuspornen.

Allen, die uns für diese Arbeit ihre Erfahrungen durch Wort, Schrift und Bild zur Verfügung stellten, sei an dieser Stelle bestens gedankt.

Berlin, im April 1930.

**Der Vorstand
der Berufsgenossenschaft der chemischen Industrie.**

Sehr viele Zweige der Industrie und des Handwerks verwenden die zu verarbeitenden Rohstoffe, soweit nicht deren Lösungen in Frage kommen, in feinstverteiltem Zustande. Die Herstellung dieser Rohstoffe in Pulverform und ihre Verwendung ist mit Staubentwicklung verbunden, die um so größer ist, je größer der Feinheitsgrad und die Produktionsleistung sind. Aus wirtschaftlichen Gründen der Verbraucher ist in den letzten Jahren ein erhöhter Feinheitsgrad gefordert worden. Dadurch wurde auch das Interesse der Betriebe der Hersteller und Verbraucher an der Schaffung von Schutzmaßnahmen gegen unerwünschte Staubbildung und damit gegen Verluste gesteigert. Die Frage der Staubbeseitigung ist auch deshalb dringlicher geworden, weil durch wissenschaftliche Untersuchungen die Möglichkeit schädlicher Wirkung der verschiedenen Staubarten auf das zarte Lungengewebe festgestellt wurde[1]. Aber nicht nur aus wirtschaftlichen und hygienischen, sondern auch aus Gründen der Betriebssicherheit muß eine möglichst weitgehende Staubfreiheit der Betriebsräume angestrebt werden, da die durch den Staubgehalt der Luft bedingte Unsichtigkeit und etwaige Staubexplosionsgefahr Anlaß zu Betriebsunfällen geben kann.

Mit der Zunahme der Staubquellen haben die Maßnahmen zur Staubverhütung und Staubbeseitigung gleichen Schritt gehalten. Die den früheren Entstaubungsanlagen anhaftenden Mängel wurden durch eingehende Forschungs- und Konstruktionsarbeit erkannt und beseitigt. So wird heute der Staub allgemein an der Entstehungsstelle aufzunehmen versucht, statt ihn in den Betriebsraum austreten zu lassen. Hierdurch wird der Betrieb der Entstaubungsanlage wirtschaftlicher, da die zu befördernde Luftmenge sich erheblich verringert, besonders, wenn die Luftgeschwindigkeit noch so bemessen wird, daß die Saugwirkung eben noch den Staubaustritt verhindert. Bieten dann noch die Abmessung und Führung der Absaugleitungen dem durchziehenden Luftstrom möglichst geringen Widerstand, so wird die Entstaubungsanlage zu Klagen wegen zu starken Luftwechsels in den Arbeitsräumen keinen Anlaß geben und keine unverhältnismäßig hohen Kosten verursachen. In den meisten Fällen

---

[1] Vgl. z. B. Beiheft 15 und Heft 26 der Schriften aus dem Gesamtgebiet der Gewerbehygiene, Neue Folge.

werden die Aufwendungen durch das in einer guten Staubsammelvorrichtung zurückgewonnene Material gedeckt werden können. Von einem Ausblasen der abgesaugten Staubluft ins Freie sollte unter allen Umständen abgesehen werden.

Die Reinigung der abgesaugten Staubluft erfolgt in Staubkammern, Zyklonen oder Staubfiltern; zu letzteren können die elektrostatischen Entstaubungsanlagen gezählt werden. Während Staubkammern in der Hauptsache nur bei einheitlichen oder nicht weiter verwertbaren Materialien gewählt werden, sind Zyklone und Staubfilter wegen der leichten Reinigung auch für wechselndes Material zu verwenden. Elektrostatische Entstaubung eignet sich besonders für Großbetriebe und ist jeweils in den Gang einer bestimmten Erzeugung eingeschaltet, als deren Bestandteil sie anzusehen ist. Staubkammern lassen sich über-

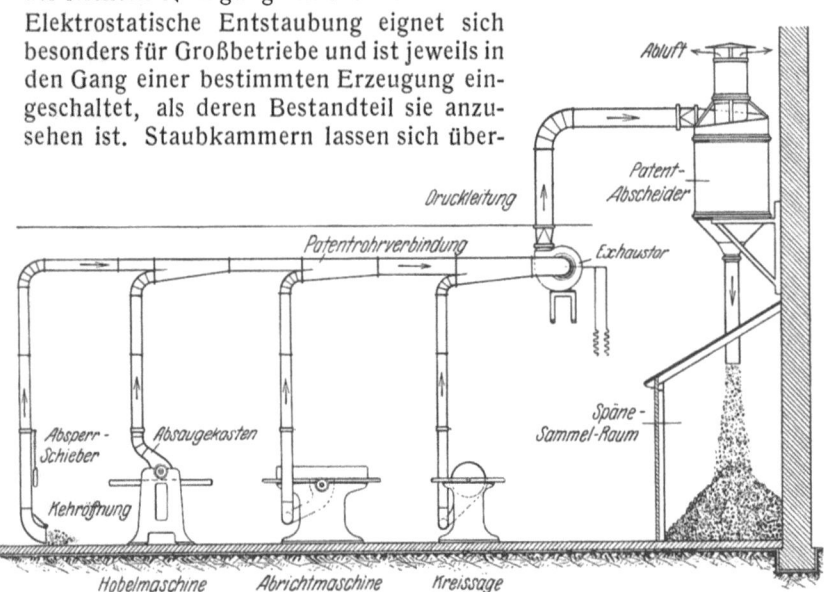

Abb. 1.

all einrichten, doch müssen sie zur Erzielung eines guten Wirkungsgrades so groß gewählt werden, daß der Luftstrom in seiner Geschwindigkeit soweit gehemmt wird, daß der Staub Zeit zum Absitzen findet. Hierzu leisten versetzt eingebaute Prallwände gute Dienste, da hierdurch der vom Luftstrom in der Staubkammer zurückzulegende Weg auf das Mehrfache verlängert werden kann. Bei größerer Geschwindigkeit der Staubluft und bei Raummangel für eine entsprechend große Staubkammer greift man zum Zyklon, mit dem die Firmen Maschinenfabrik Augsburg-Nürnberg A.-G., Werk Nürnberg, Exhaustorenwerk G. m. b. H.-Nürnberg, J. A. John A.-G.-Erfurt u. a. ihre Entstaubungsanlagen ausrüsten (Abb. 1). Bei spezifisch leichten und sehr feinen Materialien finden besser Staubfilter Verwendung, von denen die Beth-Filter der Maschinenfabrik

W. F. Beth-Lübeck am bekanntesten sind (Abb. 2). Solche Filter werden auch von einer Reihe anderer Firmen geliefert.

Eine neue Ausführung des Schlauchfiltersystems ist das **Waringfilter**, eine englische Erfindung, für die die Chemischen Werke Harburg, Schön & Co. A.-G., die Generalvertretung übernommen haben. Im Betriebe der genannten Firma ist das Waringfilter für die Reinigung der Abluft aus der Bleimennigfabrikation und -Verpackung eingebaut und soll sich hierfür gut bewähren. Dagegen konnten die Zinnwerke Wilhelmsburg das Filter für Zinkstaub ihres Konvertorbetriebes nicht verwenden. Die Einrichtung des Waringfilters erläutert die Abb. 3. Die mit Staub beladene Luft wird durch den

Abb. 2.

Exhaustor in die äußere konische Hülle des Sichters hineingeschleudert und trifft hier auf den aus Siebblech bestehenden inneren Konus. Durch dieses Anprallen wird bereits (ähnlich wie beim Zyklon) ein großer Teil der festen Bestandteile aus der Luft abgesondert. Die Luft tritt dann in konische Filtersäcke ein, läßt den Staub in ihnen und tritt dann durch das Gewebe nach außen. Die Filtersäcke sind ausbalanciert aufgehängt. Sobald sich Staub in ihrem Innern absetzt, werden sie schwerer und ziehen das Gegengewicht nach oben. Durch diese Bewegung fällt die Staubmasse von dem Gewebe ab, das Gegengewicht strafft wieder die Säcke, die sich dadurch in ständig vibrierender Bewegung befinden und das Staubmaterial immer von neuem abstoßen. Der wesentliche Vorteil der Anlage ist, daß die Säcke dauernd geleert werden, ohne, wie beim Beth-Filter, mechanische Kraft in Anspruch zu nehmen.

Diese Trockenreiniger mit Staubfilter sind zwar imstande, die feinen Staubteilchen zurückzubehalten, doch erfordert die Verwendung eines dichten Gewebes einen erhöhten Saugdruck und damit größeren Kraftbedarf.

Im allgemeinen sind die Filterschläuche in Behälter von Holz oder Eisen eingebaut. Seltener hängen sie auch frei in der Luft und werden durch einfaches Klopfen von Hand rein gehalten. Diese freie Aufhängung empfiehlt sich besonders beim Mahlen von entzündlichen Materialien, wie Schwefel, da bei den hier häufig entstehenden Explosionen und Bränden der Sack leicht heruntergerissen und der Brand gelöscht werden kann. — Wo der Staub eine zerstörende Wirkung auf das Filtermaterial ausübt, werden vielfach Naßfilter angewandt, bei welchen die Staubluft mechanisch durch Berieselung oder Streudüsenwirkung mit Wasser oder Öl vom mitgerissenen Staub befreit wird (Abb. 4). In der chemischen Großindustrie finden die elektrostatischen Entstaubungsanlagen auf Grund der günstigen Erfahrungen mehr und mehr Eingang. Für solche Einrichtungen kommen neben anderen die Firmen Lurgi-Apparatebau-Gesellschaft m. b. H.-Frankfurt a. M., Siemens-Schuckert-Werke A.-G. Berlin (Abb. 5—6) in Frage. Diese Reiniger bedürfen keiner Waschflüssigkeit, noch bieten sie den Gasen einen wesentlichen Durchgangswiderstand und können auch für heiße Gase Verwendung finden. Der Staubniederschlag erfolgt durch Sprühentladung einer Gleichstromquelle von etwa 50000 Volt Spannung auf der Abscheide- oder Niederschlagselektrode, von welcher er von selbst oder durch Wirkung einer Schüttelvorrichtung abfällt und

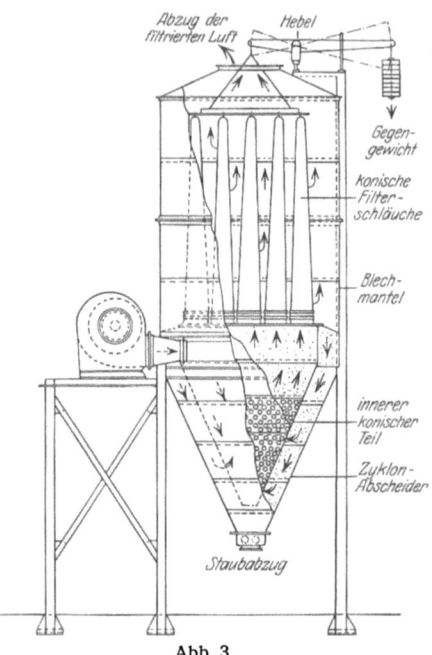

Abb. 3.

Abb. 4.

sich unterhalb der Elektroden in einem Silotrichter sammelt. Die anfängliche Befürchtung, daß die elektrische Entstaubung für brennbare Materialien nicht zu verwenden sei, ist unbegründet, denn sie findet heute für die Abscheidung von Kohle- und Textilstaub, für Gichtgasreinigung sowie für die Gewinnung von Teer und Leichtölen aus Generatorgas ausgedehnte Anwendung.

In einer Metallaffinerie wird z. B. der gesamte aus der elektrischen Gasreinigung anfallende Staub, der bis zu 25 t täglich beträgt, durch Schnecken fortgeleitet, die in mit Filz abgedichteten Trögen laufen. Bevor der Staub das ausgedehnte Schneckennetz verläßt, um verhüttet zu werden, wird er durch Berieselungseinrichtungen in eine

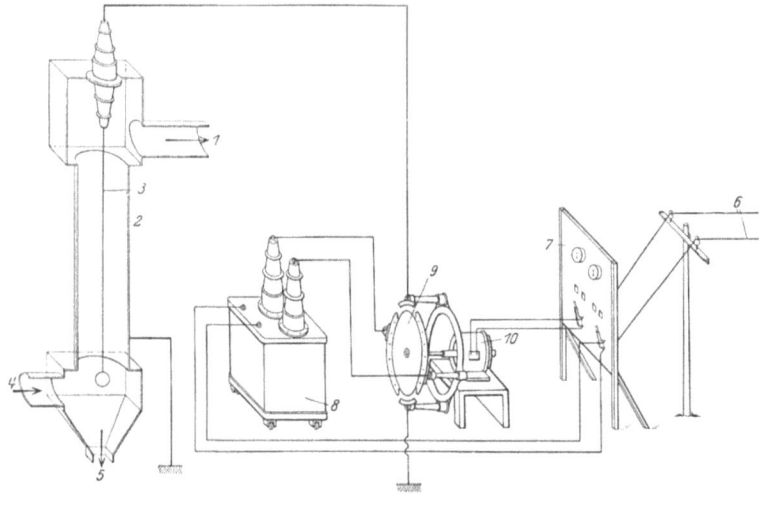

Abb. 5a.

erdartige nicht stäubende Masse verwandelt. Durch diese Anordnung dürften die früher häufigen Bleierkrankungen, die durch den trockenen Staub der elektrischen Gasreinigung veranlaßt waren, nunmehr aufhören.

Die Zerkleinerung mancher Materialien geschah ursprünglich in Mahlgängen, die heute noch in der Erdfarbenmüllerei wegen des mit diesen Mühlen zu erzeugenden Feinheitsgrades allgemein verwendet werden. Wird bei diesen Maschinen die Zarge an eine Entstaubungsanlage angeschlossen (Abb. 7 u. 8), so lassen sich erträgliche Verhältnisse schaffen, besonders, wenn die Absackstelle mit angeschlossen wird. Die Staubluft wird in Staubfiltern oder Zyklonen vom Staub befreit, der wieder verwertet wird. Da der Erdfarbenstaub spezifisch schwer ist, sich daher in den Rohrleitungen absetzt, die deshalb einer regelmäßigen Reinigung bedürfen, ist ein Betrieb dazu übergegangen, die sämtlichen Anschlüsse in eine weite Rohrleitung von fünfeckigem Querschnitt münden zu lassen, in deren untenliegender Ecke eine Schnecke angeordnet ist, die den absitzenden Staub fortlaufend zur Absackstelle führt. Die feingemahlene Erdfarbe ist infolge der Oberflächenadhäsion sehr voluminös. Deshalb

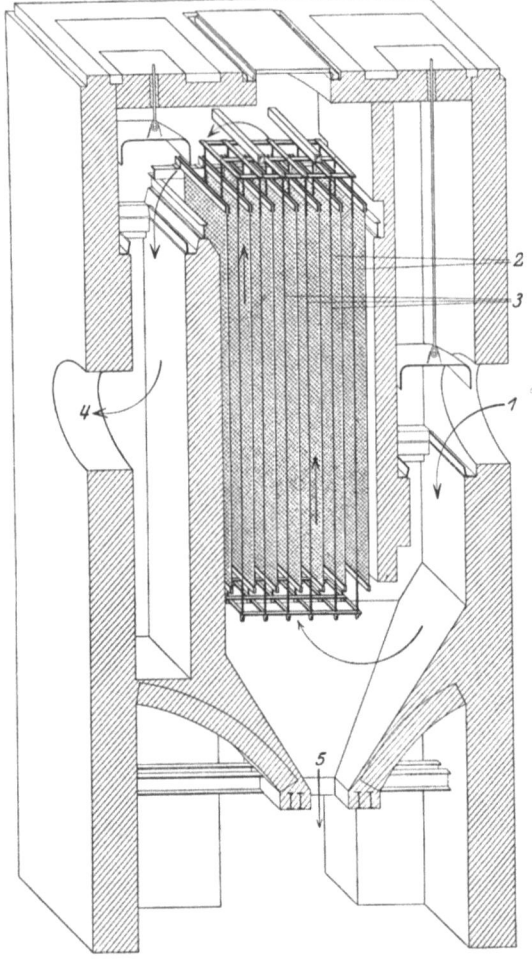

Abb. 5b.

muß beim Verpacken in Fässer die anhaftende Luft entfernt werden. Dies geschieht entweder mit Hand durch fortwährendes Einstoßen von gespitzten Stöcken oder durch mechanische Rüttelplatten, auf die die Fässer aufgesetzt werden. Bei dem mechanischen Einrütteln entwickelt sich viel Staub, daher müssen die Fässer abgedeckt und an die Entstaubungsanlage angeschlossen werden

(Abb. 9). Beim Abfüllen der schweren Bleimennige ist kein Einrütteln notwendig. Hier wird zur Vermeidung der Staubentwicklung das abgedeckte Faß hydraulisch soweit gehoben, daß der Füllstutzen am Boden aufsitzt und nach dem Öffnen des Absperrschiebers langsam gesenkt, so daß sich das Faß ohne jegliche Staubentwicklung füllt.

Abb. 6. Elektrofilter für Koks- und Anthrazit-Mühlenstaub einer Kohle-Elektrodenfabrik.

In einer Kohlefabrik verursachte das Abfüllen des feinen Kohlenstaubes in Säcke infolge der Porosität des Sackgewebes eine außerordentliche Belästigung. Weil die Raumentlüftung ungenügend wirkte, wurden an den Auslaufstutzen der Silos bewegliche Stoffhüllen angebracht, die den Sack während des Füllens umschließen und durch ihren Anschluß an die Absaugeleitung der Entstaubungs-

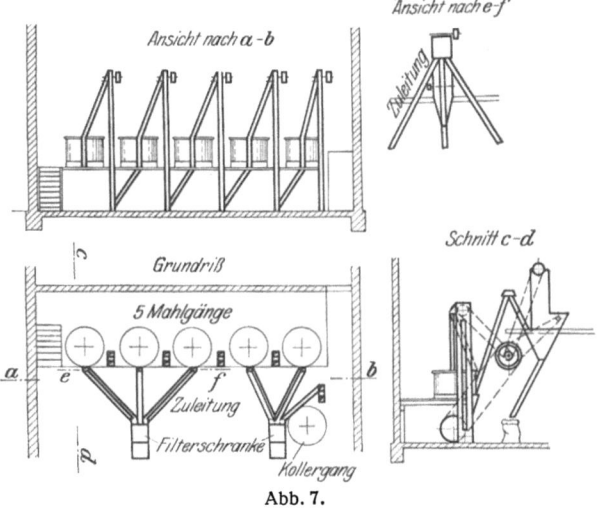

Abb. 7.

anlage den Staubaustritt in den Arbeitsraum nunmehr wirksam verhindern.

Häufig kann auf staubfreie Mahlung zugunsten einer größeren Leistung verzichtet werden, weshalb die Schlagmühlen eine so allgemeine Verbreitung gefunden haben, daß sie heute fast in jedem Betriebe vorgefunden werden. Infolge ihrer hohen Umdrehungszahl wirkt die Schlagscheibe als Exhaustor, zieht stark Luft durch die Aufgabeöffnung ein und stößt sie mit dem Mahlgut aus. Zur Vermeidung starker Verstaubung und dadurch bedingter Materialverluste wird die Luft durch den dichtgeschlossenen Sammelkasten geleitet, dessen Wandungen aus Filtertuch bestehen oder dem ein Filtersack aufgesetzt ist. Das Filter sitzt häufig auf dem Mühlengehäuse. Die bekanntesten sind die der Alpinen Maschinen-Aktiengesellschaft-Augsburg (Abb. 10). Von einigen Maschinenfabriken, so der Maschinenfabrik und Eisengießerei Gebr. Burberg G. m. b. H. in Mettmann b. Düsseldorf, Maschinenfabrik-Aktiengesellschaft Geislingen in Geislingen-Steige u. a. werden diese Mühlen mit Luftumlauf gebaut,

Abb. 8.

Abb. 9.

Abb. 10.

um den Druck auf die Filterwände und deren Verstopfung zu vermeiden (Abb. 11); trotzdem ist die Staubbelästigung durch diese Mühlen nicht geringer und noch eine Raumentlüftung erforderlich. Wird auf diesen Mühlen Material für Kleinpackungen gemahlen, so läßt man sie auf ein Silo arbeiten, von welchem das Mahlgut Abfüllmaschinen zugeführt wird, sofern das Abfüllen nicht mit Hand geschieht. Diese Abfüllmaschinen, von denen die der Firma Maschinen für Massenverpackung G. m. b. H. in Berlin S 61 wohl die bekanntesten sind, bedürfen infolge starker Staubentwicklung einer mechanischen Entstaubung. Der zumeist rostförmig ausgebildete Fangteller wird unmittelbar an die Entstaubungsanlage angeschlossen und an der Füllstelle noch ein Saugtrichter zur Aufnahme des feinen Staubes angebracht. Bei Herstellung von Kleinpackungen mit Hand oder mit einzelnen Maschinen finden sich keine Entstaubungsanlagen; hier schützen sich die Abfüllerinnen fast durchweg durch wollene Tücher um Mund und Nase. Die Verwendung von Respiratoren wird manchmal abgelehnt, da an den Auflageflächen durch den feinen Staub z. B. von Seifenpulver häufig Hautreizungen verursacht werden.

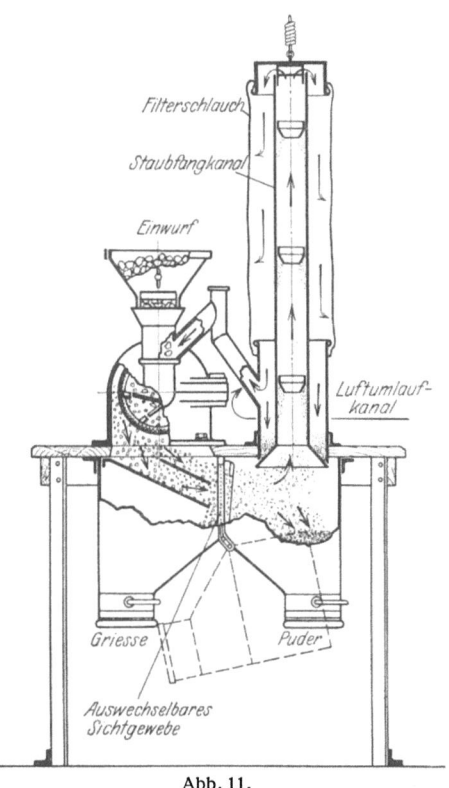

Abb. 11.

Von den chemischen Farben werden hauptsächlich Ultramarin und Schweinfurtergrün in Kleinpackungen abgefüllt, was fast durchweg mit der Hand geschieht, mit Ausnahme der kleinen Ultramarinpäckchen, den sog. Waschblaubeuteln. Die Fülltische haben an den Arbeitsplätzen Drahtgewebeeinsätze und sind an die Entstaubungsanlage angeschlossen, während die Abfüllräume noch eine besondere mechanische Entlüftung haben. Auch in diesen Betrieben tragen die Arbeiterinnen meist Mundtücher statt der Respiratoren. Die Entstaubungsanlage wird wegen des verhältnismäßig starken Luftwechsels in der kalten Jahreszeit unangenehm empfunden.

Bei der Herstellung von Kalkstickstoff wirkte eine Staubentwicklung beim Füllen der Einsätze für die Azietieröfen mit dem feingemahlenen Karbid infolge der Ätzwirkung belästigend und gab vielfach zu Augenentzündungen Anlaß, da sich die Arbeiter gegen das ständige Tragen von geschlossenen Schutzbrillen ablehnend verhielten. Die Anlage wurde dadurch verbessert, daß das Füllen in geschlossener Apparatur erfolgt unter einem festaufliegenden Füllkopf mit Beobachtungsfenster und Siebgewebeeinsätzen, durch welche die Abluft staubfrei entweichen kann. Das Absacken des Kalkstickstoffes geschieht in geschlossener Apparatur ohne Staubentwicklung, während beim Abfüllen in Trommeln die Abfüllstutzen nach einem Beth-Filter entstaubt werden.

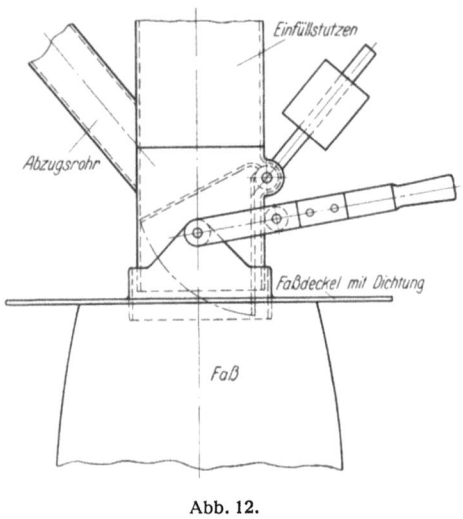

Abb. 12.

Das Abfüllen solcher chemischer Produkte, denen eine ätzende Wirkung eigen ist, geschieht häufig vom Trockenapparat unmittelbar in das Versandfaß in völlig geschlossener Apparatur, die seitlich am Abfüllstutzen entlüftet wird (Abb. 12). Die bei der J. G. Farbenindustrie gebräuchliche Einrichtung trägt einen entsprechend großen, durch Hebel beweglichen Deckel, der mit einer Gummidichtung fest auf dem Faßrand aufliegt. Zur Beobachtung der Füllhöhe des Fasses befindet sich im Deckel ein verschließbares Schauloch, während der Füllstutzen durch eine Klappe mit Gegengewicht abgesperrt werden

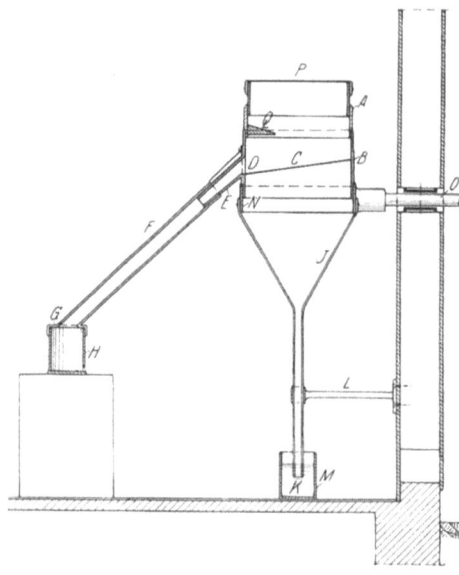

Abb. 13.

kann. Die Einrichtung hat sich dauernd gut bewährt und die Unfallgefahr beim Abfüllen ätzender Stoffe völlig ausgeschaltet.

Wesentlich schwieriger als bei harmlosen und gesundheitsschädlichen Stoffen ist die Staubbeseitigung bei explosiblen Körpern, besonders mit Rücksicht auf die Funkenbildung, Reibungs- und Schlagempfindlichkeit. Man hat infolgedessen bei ihnen meist von besonderen mechanischen Einrichtungen Abstand genommen und sich mit der Verwendung weicher Holzgeräte, von Holzfässern, Ledersäcken u. dgl. begnügt, wobei funkengebende Eisenteile ausgeschlossen sind. Versuche, z. B. Chloratsprengstoffe unter Absaugungseinrichtungen umzufüllen, sind fehlgeschlagen, weil sie zu Bränden geführt haben. Man ist deshalb darauf angewiesen, die Arbeiter zur größten Vorsicht beim Umfüllen zu veranlassen und nach Möglichkeit angefeuchtetes Chlorat zu verwenden.

Eine Einrichtung, die sich gut bewährt hat, ist die Siebvorrichtung DRP. 260405 der Westfälisch-Anhaltischen Sprengstoff A.-G., Berlin, für hochempfindliche Zünd- oder Knallsätze, die besonders in Knallquecksilberfabriken benutzt wird. Die mit einer Charge (ein oder mehrere Kilogramm) gefüllten Siebe müssen täglich mehrmals auseinandergenommen werden. Diese Arbeit birgt durch den trockenen Satzstaub eine ständige Gefahrenquelle für den Arbeiter, der die Vorrichtung bedient. Früher sind häufig Explosionen vorgekommen, die den Tod des Arbeiters zur Folge hatten. Ferner entsteht beim Auseinandernehmen und Entleeren der Siebe Staub, der den Arbeiter gesundheitlich schädigen kann.

Durch die in der Abb. 13 dargestellte Einrichtung wird diese Gefahr völlig beseitigt:

Das obere Sieb A ist mit grobem Roßhaargewebe bespannt und steht staubdicht auf dem Sieb B, in welchem sich das schräggespannte Roßhaargewebe C befindet. B hat an der tiefsten Stelle von C eine Öffnung D, auf welche eine Ledertülle E aufgesetzt ist. Über E wird ein Gummischlauch F gezogen, der unten in den Deckel G übergeht. G paßt saugend über die Dose H. B steht in einem mit Leder bezogenen eisernen Ring N, der mit der Welle O fest verbunden ist. Über N wird von unten der Gummitrichter J gezogen, dessen schlauchförmiger Ansatz K in die mit Wasser gefüllte Dose M hineinragt, so daß sich die Öffnung des Schlauches unter Wasser befindet. Um ein zu starkes Schleudern des Schlauches K zu verhindern, wird er durch eine Klammer L etwa in der Mitte festgehalten.

Die Arbeit mit dieser Vorrichtung gestaltet sich wie folgt:

In das Sieb A wird eine Portion (1 kg) Satz geschüttet und das Sieb mit dem Deckel P verschlossen. Darauf wird die Siebvorrichtung mit Hilfe eines an der Welle O sitzenden Handgriffes von einem Sicherheitsstand aus in rüttelnde Bewegung versetzt. Nach einer durch Versuche genau festzulegenden Zeit wird das Rütteln eingestellt. Dann ist der Satz durch A nach B gefallen. Die Körner sind auf C durch D und F in die Dose H gerollt, während der Staub durch C nach J gefallen und hier durch K in die Dose M geglitten ist. Diese Siebe sind also bis auf belanglose Reste leer und nur die beiden Dosen gefüllt. Diese werden gegen leere Dosen ausgewechselt und in die Magazine gebracht. Dann wird der Deckel P abgenommen und eine neue Portion Satz auf A geschüttet usw.

Es wird so erreicht, daß

1. der Arbeiter nur dann die Siebe berührt, wenn sie leer sind;

2. die Siebe während der Arbeit nicht auseinandergenommen werden;

3. die Staubbildung im Arbeitsraum fast völlig beseitigt ist, da die Siebvorrichtung allseitig staubdicht abgeschlossen ist und das Ausschütten der Körner und des Staubes aus den Sieben fortfällt.

Eine Ausführung dieser Schutzeinrichtung ist in natürlicher Größe im Deutschen Arbeitsschutzmuseum, Berlin-Charlottenburg, Fraunhoferstraße, ausgestellt.

Beim Füllen trockener Zündsätze eintretende Staubbildung kann u. U. wegen des Quecksilbergehaltes der Zündsätze Gesundheitsstörungen des Füllpersonals herbeiführen. Neben dem Schutz der Atmungsorgane durch in die Nasenlöcher eingeführte Wattepfröpfchen erfolgt noch eine Entstaubung der einzelnen Füllstellen durch darüber angeordnete Abzugstrichter mit Anschluß an eine mechanische Entstaubungsanlage (Abb. 14). Wegen der Explosionsmöglichkeit des Zündsatzstaubes wird die Abluft in einem Wasserkasten gereinigt. Der sich am Boden absetzende Schlamm wird in regelmäßigen Zwischenräumen entleert und vernichtet.

Abb. 14.

In der pharmazeutischen Industrie werden heute die verschiedensten Arzneimittel in Tablettenform hergestellt. Beim Abfüllen der Tabletten von Hand in die Packung tritt eine, wenn auch geringfügige Staubbildung auf, die die Abfüllerinnen durch Einwirkung des Arzneimittelstaubes gefährden könnte. Diese Abfüllarbeit von Hand ist zudem nicht hygienisch einwandfrei, weshalb man dazu übergegangen ist, sie maschinell auszuführen. An der Tablettenzähl- und -füllmaschine (Abb. 15) gelangen die Tabletten abgezählt in die Glasverpackung, ohne mit der Hand berührt zu werden. Die Abfüllerinnen sind vor der Einwirkung des Staubes geschützt, da die Maschine völlig geschlossen ist und zur Beobachtung eine Glasabdeckung trägt.

Abb. 15.

Eine in ähnlicher Weise wirkende Maschine ist die Flachbronziermaschine der Firma Kohlbach & Co., G. m. b. H. in Leipzig-Lindenau (Abb. 16). Während sonst die mit dem Bronzieren und Abstauben von Druckbogen beschäftigten Arbeiterinnen trotz Staubmasken, Mundtücher usw. unter dem Bronzestaub zu leiden hatten, bewirkt die Maschine ein automatisches und völlig staubfreies Arbeiten.

Abb. 17 zeigt eine einfache Form der staubfreien Entleerung einer Kugelmühle in ein Faß. Das die Mahltrommel umschließende Blechgehäuse ist nach unten zu einem Auslauftrichter ausgebildet, der sich mit einem gepolsterten, vollkommen dicht abschließenden

Abb. 16.

Deckel auf den Faßrand aufsetzt. Ein schlauchartiges Zwischenstück aus Leder oder undurchlässigem Stoff oberhalb des Deckels gestattet, den Deckel nach der Füllung vom Faß abzuheben bzw. auf das nächste zu füllende Faß niederzulassen. Während der Faßauswechselung wird das Füllrohr durch eine darin angebrachte Klappe geschlossen, damit die Mahltrommel ohne Unterbrechung weiterlaufen kann und ein Nachfallen von Mahlgut ausgeschlossen ist. Die aus dem Faß durch das einlaufende Feingut verdrängte Luft entweicht in das allseitig geschlossene Mühlengehäuse, so daß ein Austritt von Staub in den Arbeitsraum nicht vorkommt.

Die in Abb. 18 und 19 gezeigte pneumatische Entleerung einer Mühle gehört vom hygienischen Standpunkt aus zu den vollkommensten Vorrichtungen, da sie eine gänzliche Vermeidung von Staubentwicklung, beruhend auf dem in allen ihren Teilen herrschenden Unterdruck, mit einer einfachen Art der Handhabung verbindet, so daß selbst die spezifisch leichtesten Staubarten mit ihr befördert und umgefüllt werden können. Aus der Zeichnung (Abb. 18) geht hervor, daß das zu füllende, mit einem Deckel verschlossene Faß durch eine daran angeschlossene Luftpumpe unter Vakuum gesetzt wird, wodurch ein Einströmen von Luft in das in die Mühle eingeführte Saugrohr stattfindet. Beim Eintritt der Luft in die Saugöffnungen des Rohres wird das staubfeine Mahlgut mitgerissen und vom Luftstrom ins Faß getragen, auf dessen Boden es sich absetzen muß, da ein unter dem Faßdeckel angebrachtes Filter seinen Übertritt in die zur Luftpumpe führende Rohrleitung verhindert.

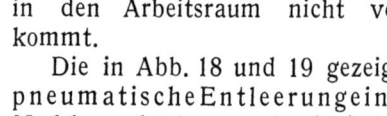

Abb. 17.

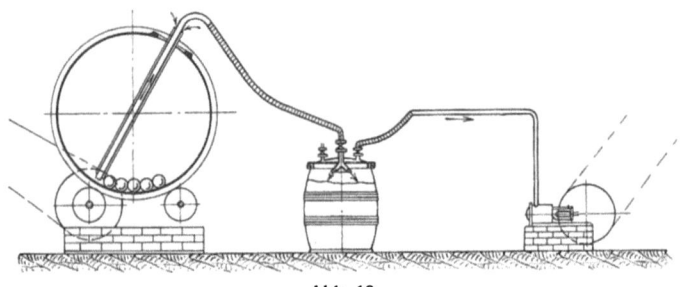

Abb. 18.

Die Abb. 19 zeigt den Bedienungsmann, wie er das an einem weiten Metallschlauch befestigte Saugrohr hält. Da eine Staubentwicklung während der ganzen Dauer des Füllvorganges nicht zu befürchten ist, braucht man hier kein Atemschutzgerät.

Abb. 19.

Staubfreie Mühlenbeschickung, Vermahlung, Mischung und Faßfüllung. Die in Abb. 20 dargestellten Vorbrecher, Mühle und Mischtrommel bilden ein geschlossenes Mühlensystem. Auf der oberen Bühne wird der bei der Entleerung des Fasses entstehende Staub durch einen kräftigen Ventilator abgesaugt, der das Blechgehäuse über dem Aufgabetrichter unter Unterdruck hält. Die Ventilationsluft der Mühle, ferner die aus der Mischmaschine und aus dem zu füllenden Faß durch das Mahlgut verdrängte Luft wird in einem Schlauchfilter entstaubt.

Abb. 21 zeigt das dicht vor dem Blechgehäuse im Bereich der Absaugung liegende Entnahmefaß. Daneben ist ein an der Mündung eines Fasses angeklammerter, biegsam-beweglicher Staubsaugerüssel sichtbar, welcher den beim Überschöpfen des Faßinhaltes in das Wägegefäß aufwirbelnden Staub aufzunehmen bestimmt ist. Be-

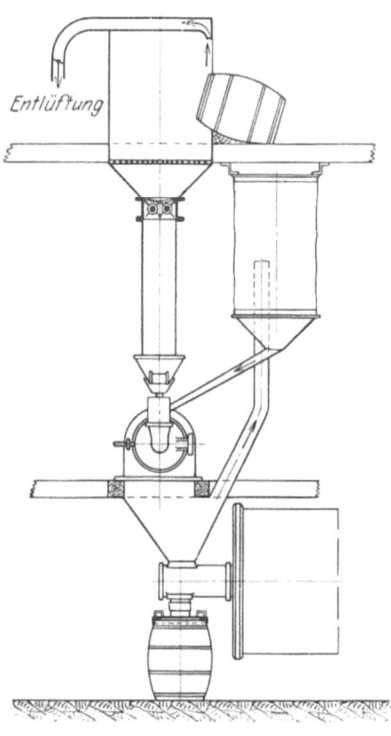

Abb. 20.

merkenswert sind die reichlichen Querschnitte aller Rohrleitungen, eine bei Ventilationsanlagen häufig außerachtgelassene wichtige Vorbedingung des Erfolges.

Abb. 21.

Das staubfreie Umfüllen von feingemahlenem Fertigprodukt aus dem Fabrikationsfaß ins Versandfaß ist in den

Abb. 22.

Abb. 22 und 23 dargestellt. Hier ist ein in der Höhe einstellbares Hosenrohr an beiden Seiten zu einem breiten, schmal zugehenden Schlitz ausgebildet. Die hierdurch hervorgerufene hohe Geschwindigkeit, mit der die Luft in den Schlitz hineingerissen wird, erzeugt vor diesem und damit auch an der Faßöffnung eine schnellströmende Luftschicht, welche etwa entstehenden Staub fortführt.

Abb. 23.

Auf Abb. 23 hängt die eine Seite des Hosenrohres über einem Arbeitstisch, auf welchem Versandbüchsen von Hand gefüllt werden.

Abb. 24.

Auch hier liegt zwischen dem Kopf des Arbeiters und der Staubquelle die schützende Sperrschicht, die für Staubwolken undurchdringlich ist.

Die Abb. 24 veranschaulicht das Verwiegen und Einfüllen staubförmiger Stoffe in Versandbüchsen. An dem langen

Abb. 25.

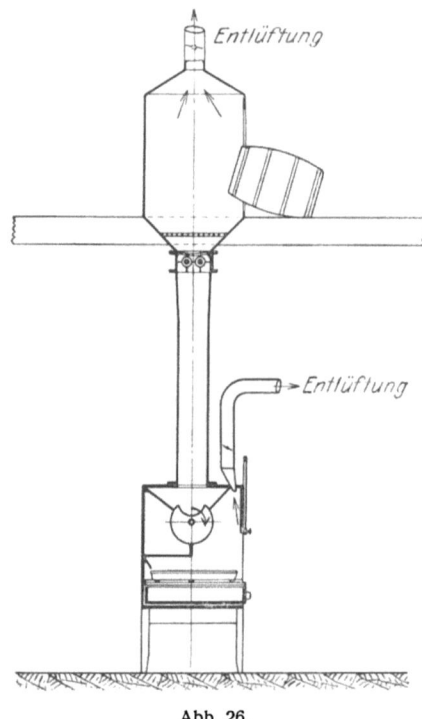

Abb. 26.

Werktisch hängen über jedem Arbeitsplatz verschieden geformte Saugrüssel. Jeder einzelne ist vermöge seiner biegsamen pendelnden Aufhängung sowie mit einer Drosselklappe genau auf Entfernung bzw. Saugstärke einstellbar, damit die hier als Verlust zu betrachtenden abgesaugten Mengen des hochwertigen Produktes in möglichst niedrigen Grenzen bleiben.

Die Geschicklichkeit, welche die hier Beschäftigten sich bei der Handhabung der Schöpfer, Schippchen und sonstigen Geräte bald aneignen, bewirkt gleichfalls eine Verminderung der Staubentwicklung. So kann man im Betriebe auch beim Umfüllen großer Mengen aus Fässern den Ungeübten von dem Erfahrenen, der die

Schaufel fast ohne Staubentwicklung zu führen versteht, leicht herausfinden.

Abb. 25 zeigt das **Verwiegen und Abfüllen hochwertiger Produkte in Staubform unter gläsernen Abzügen**.

Das Umfüllen eines leicht staubenden giftigen Stoffes aus dem Faß auf Trockenhorden in einer geschlossenen Vorrichtung ist in Abb. 26 skizziert. Die staubfreie Faßentleerung in den Schüttrumpf des Vorbrechers ist die gleiche wie bei Abb. 18 und 19

Abb. 27.

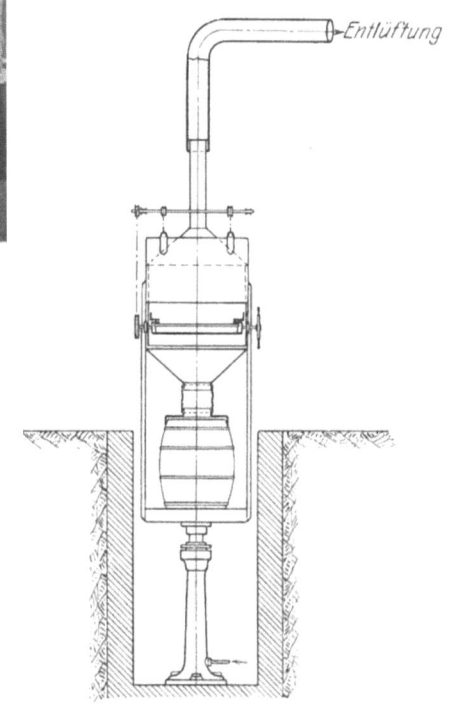

Abb. 28.

beschrieben. Vom Vorbrecher fällt die Masse in geschlossenem Ablaufrohr in den jedesmal eine Hordenfüllung abmessenden Dosierer und von diesem fast ohne Fallhöhe auf die Horde. Irgendwelche Berührung oder Bewegung des giftigen Stoffes mit Schaufeln o. dgl. ist ausgeschlossen. Der Bedienungsmann nimmt nach Hochschieben des Schiebetürchens, wobei unmittelbar die Entlüftung wirksam wird, lediglich die fertiggefüllte Horde heraus, um sie abzutragen.

Abb. 27 zeigt den Bedienungsmann bei dieser Tätigkeit. Seitlich ist das Handrad des Dosierers sichtbar, unten die Schublade zur Aufnahme etwa vorbeifallender Brocken, welche nicht verstreut werden dürfen.

Der umgekehrte Vorgang wie in Abb. 26, nämlich die Entleerung getrockneten Gutes von den Trockenhorden in

Fässer, ist in Abb. 28 dargestellt. Da es sich auch hier um die Verarbeitung eines giftigen Stoffes handelt und beim Umwenden der Horde mit einer größeren Staubentwicklung gerechnet werden muß, ist die Wendevorrichtung zwangläufig derart mit der Schiebetür gekuppelt, daß diese im Augenblick der Entleerung bestimmt geschlossen ist. Ein Abzug ins Freie sorgt für die Staubbeseitigung. Damit der Bedienungsmann das Einsetzen der Horden in bequemer Höhe vornehmen kann und nicht durch Verschütten bei hochgehobenem Blech gefährdet wird, ist das Faß versenkt angeordnet, und zwar steht es auf der Plattform eines hydraulischen Aufzuges, der es nach beendeter Füllung auf Flurhöhe hebt, wo es gegen ein leeres ausgewechselt wird. Beim Hochfahren geht der ganze Kippbehälter mit in die Höhe und kehrt beim Abwärtsgehen des neuen Fasses in seine Normallage zurück.

Abb. 29.

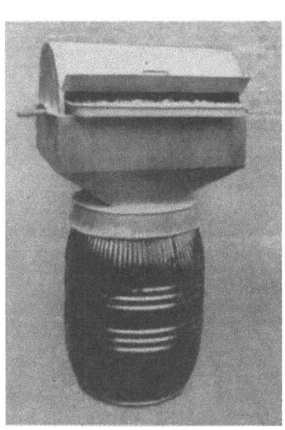

Abb. 30.

Abb. 31.

Abb. 29 zeigt die Vorrichtung beim Einsetzen einer vollen Horde, die sich automatisch kippt, sobald der Bedienungsmann die Verschlußtür herabgezogen hat.

Das Ausleeren von staubenden Stoffen, welche auf Trockenblechen oder Horden getrocknet worden sind und in Transportfässer oder Mühlen entleert werden sollen, bildet in vielen Betrieben eine Quelle der Staubbelästigung. Abb. 30 zeigt eine einfache und billig herzustellende Kippvorrichtung, die tragbar ist, also an verschiedenen Stellen des Betriebes verwendet werden kann. Sie setzt sich mit einem gepolsterten Ring auf den Rand des Fasses oder Schüttrumpfes auf und trägt in ihrem oberen Teil den durch Handkurbel betätigten Kippmechanismus. Die obere Haube besteht aus dichtem Filtertuch. Das Trockenblech wird in den Spalt eingeschoben. Abb. 31 zeigt die gleiche Vorrichtung mit geschlossenem Spalt, fertig zum Kippen.

Abb. 32.

In den Abb. 32 und 33 ist eine ähnliche, jedoch ortsfeste Kippvorrichtung dargestellt. Sie ist für größere Trockenbleche bestimmt und besitzt selbsttätigen Verschluß der Einschiebeöffnung, so daß sie niemals versehentlich offenstehen kann. Das auf einer Rollenbahn untergeschobene schwere Faß wird durch einen seitlichen Hebel etwas angehoben, damit es während der Füllung staubdicht am Auslauftrichter des Kippers anliegt.

Eine staubfreie Abfüllung von Chlorkalk aus Chlorkalkapparaten in Versandfässer hat eine chemische Fabrik in der Weise eingerichtet, daß sie jede Abfüllstelle mit einem hölzernen Abzugskasten umgeben hat, der groß genug bemessen ist, um ein Faß bequem unter den Abfüllstutzen stellen und ebenso das gefüllte Faß entfernen zu können.

Abb. 33.

Die Vorderwand des Kastens ist zum Ein- und Ausbringen der Fässer

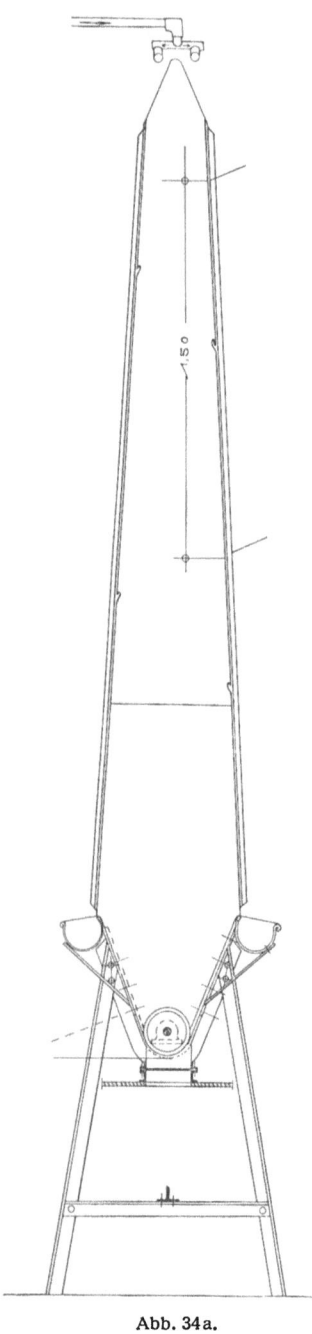

Abb. 34a.

abnehmbar. Alle Kästen sind an eine gemeinsame Absaugung angeschlossen, die während des Füllens jeweils durch Öffnen des Kastenschiebers in Wirkung gesetzt wird.

Im Bleifarbenwerk Wilhelmsburg, das „Sulfobleiweiß" herstellt, ist folgende Anlage geplant: Das Sulfobleiweiß wird durch eine völlig geschlossene, unter Vakuum stehende Schnecke, einem Wiegetrog, zugeleitet, der ebenfalls geschlossen ist. Nachdem die richtige Menge im Wiegetrog vorhanden ist, wird die weitere Zufuhr unterbrochen. Eine in dem Wiegetrog angebrachte Schnecke fördert das Material in die abgedichtete Mischmaschine, in die gleichzeitig die notwendige Menge Leinöl zufließt. Nach genügender Durchknetung des Gemenges wird die Mischmaschine gekippt und entleert ihren Inhalt auf den Teller des Kollerganges. Dort wird die Farbe gegebenenfalls noch unter Zuhilfenahme eines Dreiwalzenstuhles endgültig fertiggestellt. Dies erscheint als ideale Lösung des Problems, eine streichfertige Farbe ohne die geringste Staubentwicklung unmittelbar aus der Erzeugung der Trockenfarbe fertigzustellen.

Hier sei gleich noch die Einrichtung beschrieben, die dasselbe Werk zur Entleerung der Kühler benutzt, um trockenes Sulfobleiweiß zu entnehmen. Das Sulfobleiweiß wird durch oxydierende Röstung von feingemahlenen sulfidischen Bleierzen gewonnen. Der die Oxydation der Erze bewirkende Luftstrom schleudert das entstehende basische Bleisulfat in die hinter dem Ofen angeordneten Kühler. Unter großen V-förmigen Blechbehältern, die durch herabrieselndes Wasser gekühlt werden (Abb. 34a), läuft in einem an das Vakuum angeschlossenen Trog eine Schnecke, die das herabfallende Material zu dem Abfüllstutzen befördert, der in das mit einem

Sack abgedichtete Faß hineinreicht. Eine Absaugung verhütet Verstäuben des Materials (Abb. 34b und c).

In einem anderen Werk (Chemische Fabrik in Billwärder, vorm. Hell & Sthamer A.-G.) ist eine Manganmahleinrichtung, die

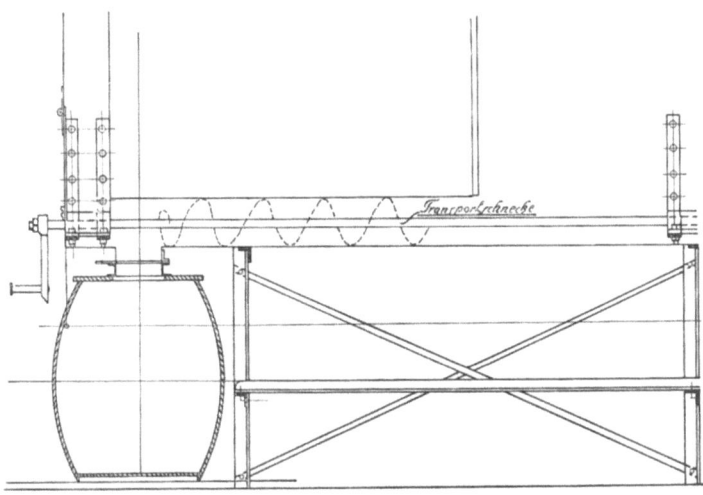

Abb. 34b.

Braunstein fein vermahlt, in Betrieb. In dieser Anlage geht die Mahlung fast ganz ohne Bedienung vor sich. In einer aus einem Silo beschickten Kugelmühle wird der Braunstein vermahlen und fortlaufend durch eine axiale Öffnung einem Sichter zugeführt, der das Feine unmittelbar in Fässer abfüllt, während das Grobe zu erneuter Vermahlung zur Kugelmühle zurückkehrt. Ein starkes Vakuum verhindert hier so wirksam eine Staubentwicklung, daß man beim Aufheben der Sackabdichtung an den Füllstutzen des Sichters den Staub in den Fässern wirbeln und abziehen sieht.

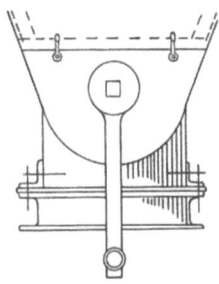

Abb. 34c.

Die Hersteller des Bleiweißpulvers haben einen Teil der Arbeit des Malers mit übernommen, indem sie das Bleiweiß sofort mit Leinöl staubfrei zu einer Art Paste anreiben, die vom Maler nur noch verdünnt zu werden braucht. Hierdurch wird die wiederholte Umfüllung des Pulvers beim Händler und Verbraucher ganz ausgeschaltet, der Staub bei der fabrikmäßigen Herstellung und Verpackung vermieden und das wirtschaftlichere, staubfreie Anreiben der Farbe im großen möglich gemacht. Hervorzuheben ist noch, daß das Bleiweiß mit 40—50% Wasser in die Ölbehandlung geht,

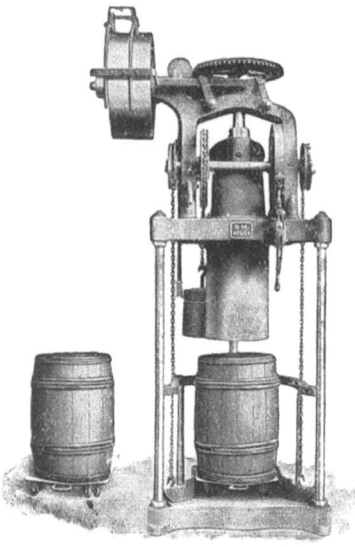

Abb. 35.

Abb. 36.

so daß das Trocknen erspart und alle damit verbundene Gefahr vermieden wird.

Eine Bleiweißfabrik bedient sich zum Entleeren der Kammern eines Druckwasserstrahles. Sie hat die Anlage so eingerichtet, daß das abgespritzte Bleiweiß gleichzeitig in einen Kanal geschlämmt wird und von selbst in die „Särge" läuft. Demgegenüber ist das in einigen Anlagen übliche Abnehmen der „oxydierten" Bleistreifen von Hand sehr viel unangenehmer, auch dann, wenn sie feucht gehalten werden, was nicht restlos gelingt.

Je tiefer ein feines Pulver fällt und je leichter es ist, desto größer ist die Verstaubung. Um sie einzuschränken, bedient man sich weitestgehend der mechanischen Beförderung, z. B. in abgedeckten Schnecken, die gegebenenfalls noch abgesaugt werden.

Mit Hilfe der Füllmaschine der Rhein. Maschinenfabrik in Neuß (Abb. 35) läuft das Füllgut selbst bis in ein Packrohr, in dem sich noch eine flache Schnecke dreht. Das leere Faß wird auf einen beweglichen Boden mit so ausgeglichenen Gegengewichten gesetzt, daß es unmittelbar bis unter die Öffnung des Packrohres gehoben wird. Die Füllschnecke breitet dann das Füllgut möglichst aus, und ihr Druck bewirkt, daß das Füllgut außen etwas höher steht als drinnen, wodurch der völlige Abschluß erzielt wird. Das Faß senkt sich in dem Maße, wie es sich füllt. Soweit also das Gut überhaupt fallen muß, geschieht es in dem unter Saugluft stehenden geschlossenen Packrohr, dessen untere Öffnung durch die Füllschnecke und das Füllgut selbst nach außen abgedichtet ist.

Eine ähnliche Packmaschine ist die der Firma Kirberg & Hüls in Hilden, bei der das Faß stehenbleibt und das Füllrohr sich teleskopartig zusammenschiebt.

Diese Bauart hat gegenüber der vorbeschriebenen den Unterschied, daß das Gut fast 1 m im Rohre frei fällt und die höher sitzende Füllschnecke weniger wirksam arbeitet (s. Abb. 36).

Als Beispiel der abgeschlossenen Apparatur kann eine Zentrifugalsichtmaschine genannt werden, die sich für den Arbeitsvorgang u. U. völlig abdichten läßt (Abb. 37a und b). Die Entleerung des Gutes könnte durch Schnecken einwandfrei durchgeführt werden, erfolgt aber in der Einrichtung (Abb. 37a) durch Hochziehen der Klappe *b* in den Kasten *c* und von dort mit Schaufeln über den Rand *d* und Saugrohr *e*, das auf Abb. 37b unter einem Kollergang deutlicher erkennbar ist. Bei der Einfüllöffnung *a* wird entstehender Staub durch das Rohr *f* angesaugt und *g* führt in das Innere der Maschine,

Abb. 37a.

um einen leichten Unterdruck herstellen zu können. Eine Anlage von Siegle & Epple in Stuttgart-Feuerbach erfüllt weitergehende Ansprüche.

Völlig staubdicht geschlossen sind die Rohrmühlen der Thomasschlackenmüllereien.

Ein weiteres Beispiel für eine abgeschlossene Apparatur ist die Stückbleiweißpackerei der Gebr.

Abb. 37b.

Rhodius (Abb. 38). Die Brocken liegen auf flachen Schalen, die auf einer heruntergeklappten Seite eines viereckigen Kastens be-

Abb. 38.

festigt werden, der unter Saugluft steht; beim Hochklappen fällt das Gut in das Faß, der entstehende Staub wird sofort abgesaugt.

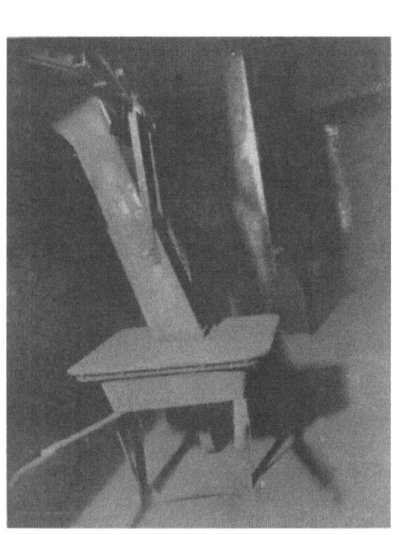 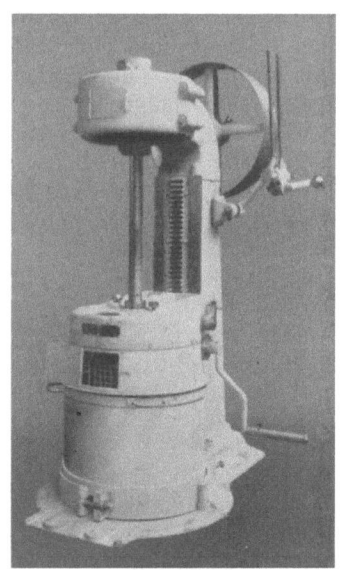

Abb. 39. Abb. 40.

Die Einrichtung erfüllt ihren Zweck, wenn für gute Abdichtung und Absaugung gesorgt wird.

Auf einem ähnlichen Gedanken beruht die Einrichtung zur Staubverminderung beim Entleeren des abgerösteten Feinkieses der Wedgeöfen einer Schwefelsäurefabrik in Schubkarren. Da die Fallhöhe zu groß und die Abdichtung zu schlecht ist, genügt die Anlage nur bei harmlosem Staub, ließe sich aber noch wesentlich in der angedeuteten Richtung verbessern (Abb. 39).

Auch die auf Abb. 40 gezeigte Kittmaschine der Firma J. H. Lehmann, Dresden, zeigt, daß viel zur Herabminderung der Staubbelästigung getan werden kann. Die Ummantelung eines Apparates

Abb. 41.

kann völlig geschlossen sein und unter Unterdruck stehen, wenn die Umfüllung mechanisch erfolgt, was meist keine Schwierigkeiten bietet. So liefert z. B. die Gesellschaft für Massenverpackung Maschinen, in denen ein Kolben das Gut abmißt und innerhalb einer Ummantelung in Dosen entleert. Die Anlage wird gern für große Mengen verwendet, dürfte jedoch unwirtschaftlich sein bei häufigem Wechsel des Packgutes, weil die Reinigung der Maschinen zu schwierig ist.

Wenn Handarbeit erforderlich ist, kann man sich der Abzüge nach Abb. 41 bedienen. Diese erfüllen ihren Zweck, wenn so abgesaugt wird, daß der Staubaustritt in den Raum verhindert wird. Die Luftansaugung erfolgt durch Schlitze, die in Tischhöhe und oben im Abzug angebracht sind. Vielfach ist vorn noch eine Glasscheibe angebracht, die nur einen schmalen Arbeitsspalt offen läßt.

Bei besonders unangenehmen Stoffen kann man eine völlige Ummantelung der Abfüllstelle vornehmen und die Hände seitlich durch Stoffmanschetten einführen, die eng am Handgelenk anschließen.

Je weniger abgeschlossen eine Ummantelung ist, um so mehr geht sie in die einfache Absaugeanlage über, wie sie Abb. 42 zeigt (Umfüllung von Farbstoffen aus großen in kleine Fässer). Die Haube ist in der Höhe verstellbar mit Hilfe des Gegengewichtes a, seitlich mit Hilfe des Gewichtes b und einer biegsamen Verbindung c mit dem Saugrohr; ein Schieber gestattet, die Absaugung bei Ruhe abzustellen und dadurch den Zug der Füllstellen zu erhöhen. Als Ergänzung ist noch ein Rüssel mit schneidenförmiger Saugvorrichtung da, der in die Fässer gesenkt werden kann, wenn sie fast entleert sind. Die

Abb. 42.

dargestellte Anlage stammt von Simon, Bühler & Baumann in Frankfurt a. M. Die Beseitigung des abgesaugten Staubes erfolgt durch eine Berieselung, deren Wasserhähne zwangläufig mit dem Luftmotor verbunden sind, damit die Berieselung nicht vergessen werden kann.

Eine ähnliche Anlage ist für Zement, besonders für das Absacken, in Gebrauch. Die Papiersäcke werden um einen Füllstutzen gelegt und mit einem Riemen befestigt. Beim Füllen entweicht an dieser Stelle die verdrängte und mit Staub beladene Luft. Daher ist ein hohler Halbzylinder von Sackhöhe herumgestellt, der einen senkrechten Saugschlitz hat; auch die Elevatoren usw. sind an die Saugleitung angeschlossen. Der Staub wird in einem Bethfilter abgefangen, das sich aber nur für völlig trockene Stoffe eignet, weil es sonst verschmiert.

Für die Absaugung beim Füllen von Farbstoffässern benutzt die J. G. Farbenindustrie A.-G. in Ürdingen die Entstaubung der Firma Hugo Greffenius A.-G., Frankfurt a. M. (Abb. 43 und 44). Der Staub wird durch ein Flügelrad angesaugt, gleichzeitig fließt durch einen mit dem Exhaustor gekuppelten Wasserhahn durch ein Rohr in das Exhaustorgehäuse Wasser, welches dort durch Löcher zerstäubt wird und den Farbstaub niederschlägt. Der mit dem Wasser vermischte Staub wird gegen sog. Prallplatten geschleudert, fällt nieder und fließt als Farbbrühe ab. Der verschwindend geringe Staubrest, sofern ein solcher noch vorhanden ist, wird sodann durch das Abzugsrohr entweder ins Freie weitergeleitet oder in geeigneter Weise aufgefangen. Diese Einrichtung hat sich nach Angabe der Firma bewährt. Der Packraum sowie die Abfüllstellen sind praktisch staubfrei.

Abb. 43.

Der Bühler-Schnelltrockenapparat der Firma Willy Salge & Co. in Berlin (Abb. 45) vereinigt eine Anzahl von Vorgängen,

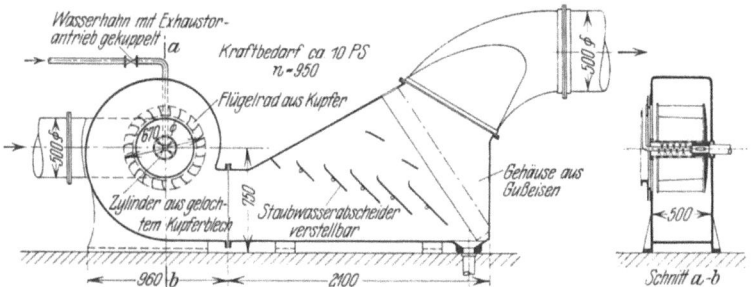

Abb. 44.

nämlich die Beförderung, Verpackung und Trocknung des Materials und dient damit ebenfalls der Staubverhinderung. Seine Verwendung wurde für die verschiedensten Stoffe angetroffen, z. B. für Trinitrotoluol, für Salmiak, für Ammonnitrat und -sulfat, für Natriumperborat. Bemerkenswert ist, daß auch bei höherer Temperatur zersetzliche Substanzen wegen ihres nur 3—4 Sekunden dauernden Durchgangs durch den Apparat mit ihm getrocknet und befördert werden können, weil die Beeinflussung durch die Trockenluft und die Temperatur fast gar nicht zur Wirkung gelangt. Der Apparat trocknet alle pneumatisch förderbaren Stoffe im Schwebezustand während ihrer Förderung.

Der Ventilator a bläst die angesaugte kalte Luft durch den Heizkörper b. Die in diesem auf entsprechende Temperaturen erhitzte Trockenluft gelangt durch das Fußrohr c nach dem Trockenrohr f. Die Eintragwalze e streut das zu trocknende Gut unter Abschluß der Apparatur nach außen gleichmäßig in das Trockenrohr ein, wo es von dem kräftigen Strom der heißen Gase erfaßt und mit in die Höhe gerissen wird. Im Stoßfänger g erfolgt die Bewegungsumkehr, das Trockengut fällt durch das Fallrohr h in den Zyklon i, wo es sich von der Luft trennt und von der Austragwalze k unter Abschluß der Apparatur nach außen ins Freie befördert wird. Die abziehende mit Staub beladene Luft wird, wenn erforderlich, in dem Luftfilter l gereinigt und entweicht mit dem Wasserdampf zusammen durch das Brüdenrohr m.

Der Trockenapparat arbeitet vollkommen selbsttätig und bedarf keiner besonderen Wartung. Die Austragung kann entweder unmittelbar in

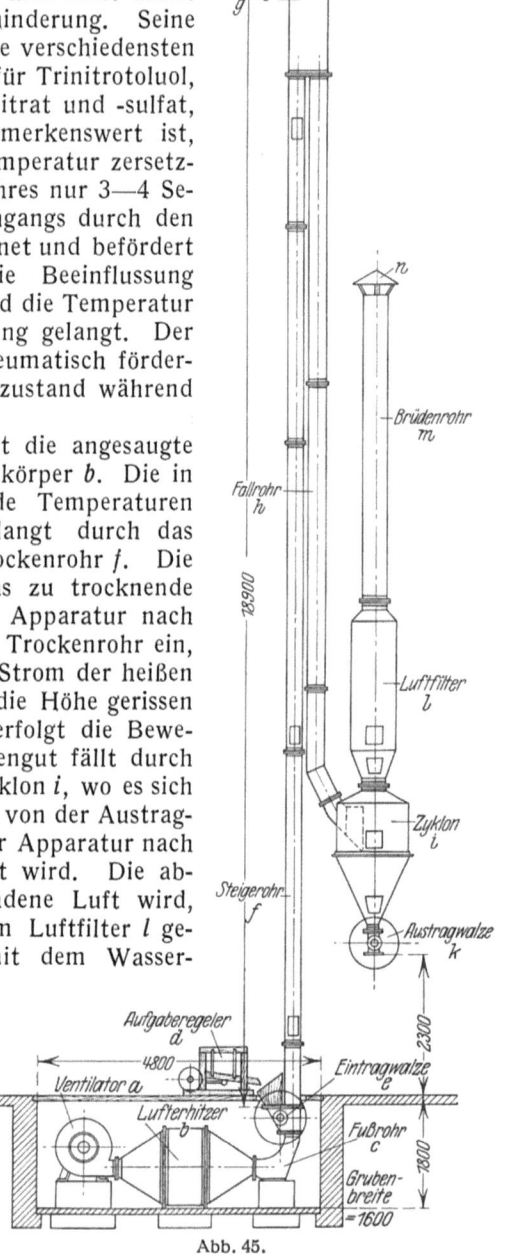

Abb. 45.

die Packfässer oder in entsprechend angeordnete hochstehende Silos erfolgen. Zweckmäßig wird die Eintragwalze in der Höhe des Fußbodens bzw. der Arbeitsbühne angeordnet, so daß das Material durch eigenes Gefälle aus Nutschen oder Zentrifugen über den Aufgaberegler d nach der Eintragwalze gefördert werden kann.

In Betrieben der J. G. Farbenindustrie A.-G. sind zur Staubabscheidung **Wanderschichtfilter** in Anwendung.

Diese Filterart bedient sich einer wandernden Schicht von Füllkörpern zur Aufnahme des Staubes; das zu reinigende Gas wird durch die Wanderschicht hindurchgesaugt. Die Filter sind in Zelleneinheiten von etwa 1 qm Querschnitt unterteilt. Die Füllkörper befinden sich zwischen zwei durchlöcherten Wänden, deren Löcher kleiner sind als der geringste Durchmesser der Füllkörper beträgt. Als Füllkörper werden meist Kugeln, daneben Raschigringe aus Blech angewendet. Die Bewegung der Füllkörper zwischen den gelochten Wänden kann fortlaufend oder in Zeitabständen erfolgen. Man zieht unten einen Teil der Füllkörper ab, läßt sie zur Reinigung in einen Behälter stürzen (die Erschütterung bei 1 m Fallhöhe genügt zur Ablösung des anhaftenden Staubes) und fördert die Körper wieder nach oben auf die Wanderschicht. Die Förderung nach oben kann mit Becherwerk oder durch Druckluft erfolgen. Die Erfahrungen des Betriebes mit Raschigringen als Füllkörper sind gut.

Bemerkenswert ist noch eine Einrichtung, wie sie ebenfalls die J. G. Farbenindustrie A.-G. zur Niederschlagung und Wiedergewinnung des anfallenden Braunkohlenstaubes bei der Braunkohlentrocknung gebraucht: „**Verfahren zur Niederschlagung von Staub durch Berieselung unter Wiedergewinnung des Staubes und geringem Verbrauch von Berieselungsflüssigkeit**".

Das Verfahren, das zuerst auf der Braunkohlengrube „Ilse" in der Niederlausitz gebraucht wurde, beruht auf dem vielfachen Umpumpen der Berieselungsflüssigkeit. Es gibt in Verbindung mit einem der mannigfaltigen Verfahren zur Trocknung des angereicherten Schlammes ähnlich günstige Entstaubungswerte wie die elektrische Staubreinigung, bedingt aber wesentlich geringere Anlagekosten. Die Entstaubung erfolgt in einer im Nebenschluß zum Abzugsschlot geschalteten Kammer. Hier werden die staubhaltigen Rohgase durch mehrere Wasserschleier hindurchgeleitet. Die Gasbewegung wird durch einen am Ausgang der Kammer befindlichen Ventilator bewirkt.

Zur Berieselung wird mit einer Zentrifugalpumpe Wasser im Kreislauf den Streudüsen zugeführt. Das am Boden der Entstaubungskammer abfließende mit Staub beladene Wasser wird von der Umlaufpumpe angesaugt und fließt wiederum den Streudüsen zu. Ein Teil des ablaufenden Wassers wird durch ein Ablaßventil weggeführt, die gleiche Menge Wasser wird durch ein mittels Schwimmers gesteuertes Frischwasserventil wieder zugesetzt. Die Anreicherung des

Umlaufwassers mit Schlamm wird durch das Ablaßventil geregelt. Der ablaufende Schlamm wird durch Trocknung weiterverarbeitet.

Bei quarzhaltigem Staub empfiehlt sich die Zugabe des Frischwassers kurz vor dem Saugstutzen der Umlaufpumpe. Der Rotor der Pumpe unterliegt hier einem starken Verschleiß. Voraussetzung für das gute Arbeiten der Anlage ist die Verwendung von brauchbaren Streudüsen, die auch bei stark angereichertem Umlaufwasser sich nicht zusetzen dürfen. Bewährt haben sich in dieser Hinsicht die Schlickdüsen. Mit der beschriebenen Entstaubungseinrichtung läßt sich ein Reingas von 80—90% erreichen.

Ferner sei hier ein Verfahren zur Beseitigung des Staubes bei der Entaschung von Kesselfeuerungen erwähnt, das sich in verschiedenen Großkraftwerken eingeführt hat, die Spülentaschung nach Rothstein.

Die Rothsteinentaschung arbeitet folgendermaßen: Die Asche wird unter Feuerungen, Rauchkanälen, Schornsteinen in Trichtern gesammelt, an deren Ausläufen Abzugsapparate angebaut sind. Durch Ausbreitung eines Wasserstrahls um den Aschekegel wird die Asche von allen Seiten angegriffen und fließt unter gleichzeitiger Ablöschung und Staubbindung langsam ab.

Die weitere Beförderung des nunmehr dünnflüssigen Asche schlamms durch die offene Flutrinne und Rohrleitungen zur Halde mittels einer Baggerpumpe und zur Klärgrube, aus der das Wasser zu 95% zurückgewonnen werden kann, macht keine Schwierigkeiten. Zum Schutz gegen die schmirgelnde Wirkung der Asche hat man eine mit Hartstahlpanzerung versehene Pumpe gebaut und befördert damit die Schlacke, Steine und Eisenstücke nach der Halde oder zum Klärbecken. Die Bedienung dieser Entaschungseinrichtung beschränkt sich ausschließlich auf das An- und Abstellen der Wasserhähne, mit denen die Aschenförderung betätigt und stillgesetzt wird.

Weitere Verfahren dieser Art sind im Heft 22 der ,,Schriften aus dem Gesamtgebiet der Gewerbehygiene, Neue Folge" enthalten (Die Aschebeseitigung in Großkesselanlagen).

Selbstverständlich muß dort, wo der Staub giftig oder ätzend wirkt, seine Beseitigung besonders gewissenhaft durchgeführt werden. In einer chemischen Fabrik, in der ein Arsenpräparat für den Massengebrauch zur Schädlingsvertilgung hergestellt wird, hatte man die Beseitigung des gefährlichen Staubes trotz eines Unterdruckes in der Apparatur nicht ganz erreichen können, bis man die Hindernisstelle erkannt hatte. Diese lag bei der übergroßen Tourenzahl der Schleudermühle, die einen so starken Überdruck erzeugte, daß ihn der Exhaustor unter Hergabe seiner ganzen Saugkraft knapp überwinden konnte, so daß der Unterdruck zu schwach wirkte. Nach dem Einbau einer langsamer laufenden Mühle war der Übelstand sofort behoben. Aus der Abb. 46 ist die vollkommene Absaugung eines ätzenden Staubes zu ersehen. Der Rohstoff wird in einem Vorbrecher gebrochen, durch Rohr und Saugdüse etwa 12 m senkrecht gehoben und in ein Mahlwerk gefördert; der Staub wird durch einen Rezipienten, durch mechanischen und elektrischen Staubabscheider in Silos gesammelt, und die Luft gelangt staubfrei zur Pumpe zurück.

Als Einrichtungen zur mechanischen Beförderung staubförmiger Stoffe wurden bisher meist Becherwerke, Schüttelrinnen, Transportbänder, Schnecken oder Luftdruckeinrichtungen (pneumatische Förderung) benutzt, die sich wie folgt kennzeichnen:

1. Becherwerke.
Staubbeseitigung: erforderlich.
Förderstrecke: nicht groß, steil.
Fördergeschwindigkeit: nicht groß.

2. Schüttelrinnen.
Staubbeseitigung: meist erforderlich.
Förderstrecke: nicht groß (bis 40 m), flach.
Fördergeschwindigkeit: nicht groß.

Eine Sonderbauart ist eine Fördermaschine, die recht vielseitige Verwendung gestattet: der Wuchtförderer System Schenck-Heymann der Firma Karl Schenck, Maschinenfabrik in Darmstadt (Abb. 47).

Mit einer durch Kurzschluß-Drehstrommotor betriebenen sog. Erregermaschine wird eine Förderrinne zu einer sinusförmigen Schwingung im Takte der Motordrehzahl (etwa 1000 pro min) erregt. Die Schwingungsweite beträgt nur etwa 6 mm. Durch die Eigenart dieser Wurfbewegung wird das Fördergut scheinbar fließend fortbewegt. Der Wuchtförderer hat sich in mehrjährigem ununterbrochenem Dauerbetriebe bewährt und besitzt vor den üblichen Schüttelrinnen besonders folgende Vorteile: Rinnenmaterial und Fördergut werden geschont, Staubentwicklung wird meist völlig vermieden, ruckweise aufgegebenes körniges Fördergut wird bereits nach wenigen Metern verteilt und in gleichmäßigem Strom von der

Abb. 47.

Rinne abgegeben, geringer Kraftaufwand (20 cbm feuchte Erde werden von 1-PS-Kraftleistung 20 m weit befördert), keinerlei Wartung außer Schmierölnachfüllung alle 3—4 Wochen, größte Unfallsicherheit, da keinerlei Riemen, Scheiben, Zahnräder u. dgl. vorhanden sind. Die Förderstrecke erreicht bisher 20 m, Neukonstruktionen bis 40 m Rinnenlänge sind in Arbeit.

3. Transportbänder.

Staubbeseitigung: meist erforderlich.
Förderstrecke: größer als bei 1. und 2., flach.
Fördergeschwindigkeit: verschieden groß.

4. Förderschnecken.
Staubbeseitigung: wenn gut abgedeckt, nicht erforderlich.
Förderstrecke: nur bis etwa 15⁰ Steigung und 60 m Entfernung.
Fördergeschwindigkeit: klein.

5. Pneumatische Förderung (Förderung mit Luftdruck).
Staubbeseitigung: an der Verwendungsstelle erforderlich und kostspielig wegen des großen Luftverbrauchs (0,2—0,3 cbm/kg).
Förderstrecke: sehr groß und hoch.
Fördergeschwindigkeit: sehr groß (20—40 m sek.).

Die genannten, bisher allgemeinüblichen Massenfördereinrichtungen für zerkleinerte, staubbildende Stoffe kennzeichnen sich demnach dadurch, daß sie, namentlich wenn große Förderstrecken, -höhen und -geschwindigkeiten in Frage kommen, mit Einrichtungen zur Beseitigung des Staubes ausgerüstet werden müssen, die nicht nur bei der Anschaffung und im Gebrauch besondere Unkosten verursachen, sondern auch unter Umständen die Gefahr der Staubexplosion mit sich bringen. Diesen Mangel beseitigt die seit einigen Jahren mit Erfolg eingeführte, noch verhältnismäßig wenig bekannte Beförderung staubförmiger Stoffe durch Staubpumpen.

Kennzeichen:
Staubbeseitigung: nicht erforderlich.
Förderstrecke: bis 2000 m Entfernung und 50 m Höhenunterschied.
Förderleistung: 2—25 t/h (bis 50 t/h).

Der ausführlichen Abhandlung „Staubkohlenförderung durch Kohlenstaubpumpen" von Dipl.-Ing. A. Wipprecht, Köln a. Rh., Neußer Platz 20III (Zeitschrift „Die chemische Fabrik" 1929 Nr. 3 S. 25) sind folgende näheren Angaben entnommen:

Aus dem Bunker A (s. Abb. 48 und 49), der von der Pumpe durch einen Absperrschieber B getrennt wird, fällt der Staub auf den wesentlichen Bestandteil der Pumpe, eine schnellumlaufende Spezialschnecke C, die mit einem Elektromotor D gekuppelt ist oder auch mit Riemen angetrieben werden kann. Die Schnecke befördert den Staub in den Mischraum E, wo ihm durch eine Anzahl ringförmig angeordneter Düsen niedrig gespannte Preßluft zugesetzt wird. Das Staubluftgemisch (Emulsion) wird unter der Schubwirkung der Schnecke in Längswellen vorwärts bewegt und in den Bunker F gespeist oder durch Abzweigung G, die in beliebiger Anzahl vorgesehen werden kann, an andere Verbrauchsstellen gefördert. Die Preßluft kann in einem besonderen Kompressor H erzeugt oder aber dem meist vorhandenen Preßluftnetz entnommen werden. Besondere Einrichtungen für die Trennung des Staubes von der Luft an der Verbrauchsstelle sind nicht erforderlich. Der Staub setzt sich im Verbrauchsbunker allmählich ab und die Luft entweicht durch ein einfaches Entlüftungsrohr. Wo an die Reinheit der Abluft besondere Ansprüche gestellt werden, z. B. wenn sie in den Arbeitsraum ent-

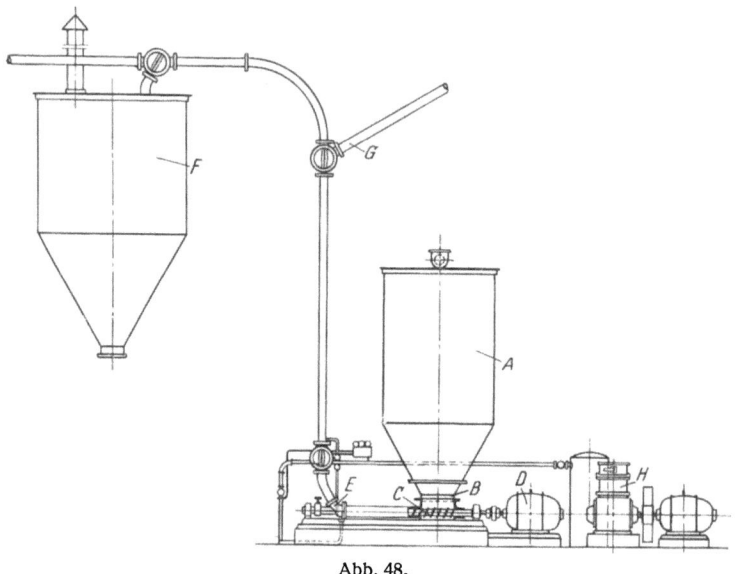

Abb. 48.

Abb. 49.

weicht, braucht auf das Entlüftungsrohr nur ein Filtersack gesetzt zu werden.

Die zuzusetzende Luftmenge beträgt für 1000 kg Kohlenstaub etwa 30 kg Luft.

Mit solchen Staubpumpenanlagen läßt sich die Förderung der verschiedensten staubförmigen und mehligen Stoffe bewerkstelligen, jedoch sind hinsichtlich Körnung, Feuchtigkeit und spezifischen Gewichts gewisse Bedingungen zu stellen, welche eine bestimmte Grenze nicht überschreiten dürfen.

Das Staubluftgemisch läßt sich wie Gas oder Flüssigkeit durch Schieber auf mehrere Leitungsstränge verteilen. Diese Organe werden als Drei-, Vier- oder Mehrwegeschieber ausgebildet und je nach dem Umfange der Anlage elektrisch oder von Hand bedient. Der Transport geschieht in Rohrleitungen mit beliebiger Neigung; Richtungsänderungen in der Linienführung erfordern einen Krümmungshalbmesser von etwa 2 m. Gegenüber der Förderung durch Transportschnecken und Becherwerke kommen die umfangreichen Fundamente und Gruben in Fortfall. Die Leitungen (Leitungsdurchmesser für Staubförderung von 200 t/h = 200 mm) lassen sich ohne Schwierigkeiten anbringen (Abb. 50).

Der Kraftverbrauch für eine Förderung je 1000 kg/h beträgt je nach Förderlänge und Höhenunterschied 0,5—3 kW. Es sind Förderstrecken von 1600 m mit Erfolg ausgeführt.

Die vier wesentlichen Bestandteile des Fuller Kinyon-Transportsystems sind:

1. Die vom Motor angetriebene Pumpe, deren Aufgabe es ist, den zu fördernden Stoff gleichmäßig in die Förderleitung einzuführen und durch diese hindurchzudrücken.

2. Eine Druckluftanlage zur Erzeugung der für die Förderung erforderlichen Emulsion.

3. Eine Rohrleitung für den zu fördernden Stoff.

4. Verteilungsventile, die den zu fördernden Stoff den verschiedenen Abnahmestellen zuführen.

Eine zeichnerische Darstellung des Verfahrens gibt Abb. 50, eine ausgeführte Pumpenanlage zeigt Abb. 49. Die Ventile werden elektro-pneumatisch gesteuert und zeigen an Signallampen ihren jeweiligen Stand an. Mit Hilfe einer Druckknopfsteuerung kann der Förderweg nach jedem beliebigen Behälter eingestellt werden, die Füllung der Sammelbehälter wird ebenfalls von einem Punkt aus überwacht. Gefüllte Behälter melden selbsttätig ihren Stand. Die gesamte Anlage kann also von einem Punkte, z. B. dem Mühlenraum, durch einen Bedienungsmann überwacht und geregelt werden. — Der Füllvorgang wird mit einem Strömungsanzeiger überwacht. Die Höhe der Staubschicht im Bunker wird mit Staubfühlern (einfache Schwimmer) festgestellt, kann auch durch Lampen, die auf einer Tafel angebracht sind, angezeigt werden.

Lieferfirmen dieser Staubpumpenanlagen sind Fuller Comp., Vertretung Claudius Peters, Hamburg, Wallhof, Glockengießerwall 2; die Allgemeine Elektricitätsgesellschaft, Berlin, Friedrich Karl-Ufer 2/4, und Kohlenauswertungsgesellschaft m. b. H., Düsseldorf, Benrather Str. 29.

38 Vorrichtungen zum staubfreien Umfüllen

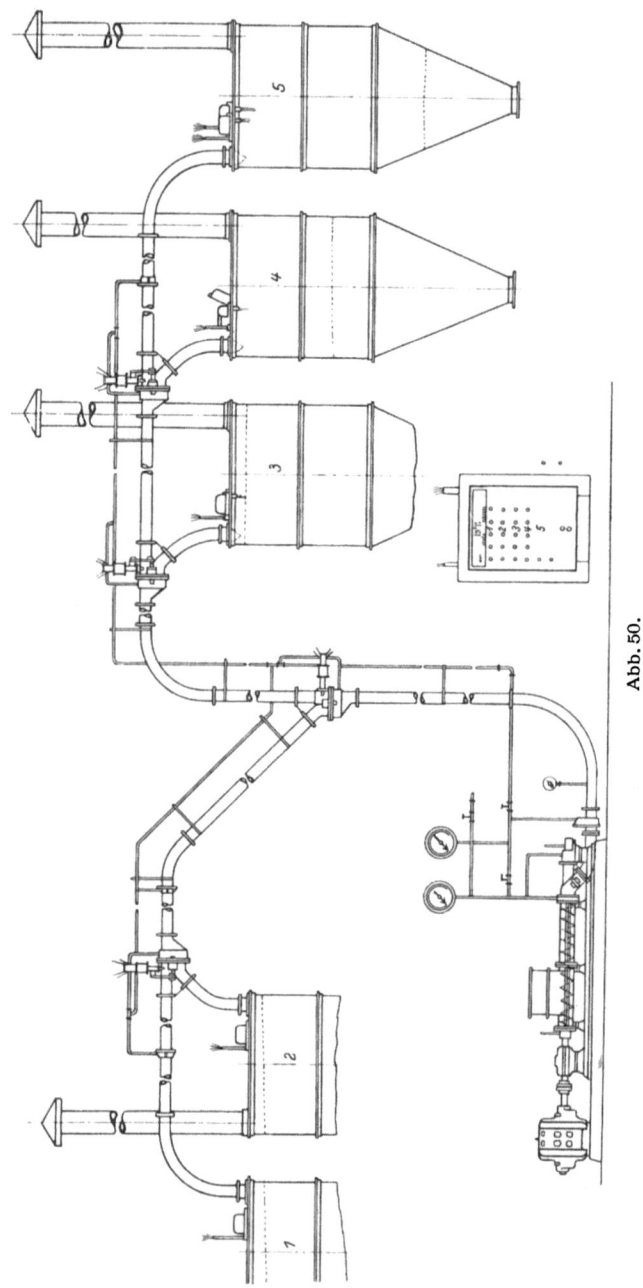

Abb. 50.

Der Absackapparat „Flux" ist eine Vorrichtung, die zur Verminderung der Staubbildung beim Füllen von staubförmigen Stoffen in Säcke dient. Der Apparat ist hauptsächlich für die Zementindustrie gebaut und hat sich dort von Jahr zu Jahr mehr eingebürgert, nicht nur wegen der wirtschaftlichen Vorteile, die die Vorrichtung bietet, sondern auch, weil sie ein schnelles und doch unfallsicheres Arbeiten gewährleistet und die Gesundheitsgefährdung der Arbeiter durch Staub auf ein Minimum zurückgedrängt hat. In der übrigen Industrie ist der empfehlenswerte Apparat u. W. noch wenig bekannt.

Die Abb. 51a zeigt die Absackmaschine. Wenn diese zur Verkürzung des Transportweges der gefüllten Säcke in der Nähe der

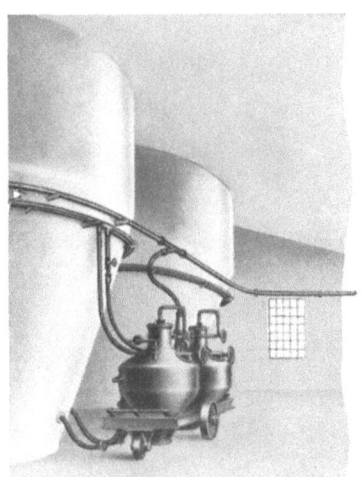 

Abb. 51a und b.

Verladerampen aufgestellt wird und nicht in der Nähe der Silos, wird zur Beförderung des gemahlenen Stoffes aus den Silos zum Vorratsbehälter der Sackmaschine noch die in Abb. 51b abgebildete fahrbare Staubfördervorrichtung „Flux" eingeschaltet, die das staubfeine Gut aus den Silos saugt und in den Vorratsbehälter der Absackmaschine drückt.

Die Säcke, die aus Papier, Jute, Sackleinen usw. gefertigt sein können, sind, wenn sie zum Füllen kommen, schon vollständig geschlossen und besitzen nur an einer Ecke ein Fülloch, das durch eine sinnreiche Falte im Innern des Sackes als Ventil ausgebildet ist, so daß nach beendeter Füllung der Sack bereits zum Versand fertig verschlossen ist und das richtige Gewicht besitzt. Das Füllen der Säcke ist eine einfache und leichte Arbeit. Auf jeden der Füllstutzen (in der Regel 3 Stück) der Absackmaschine wird hintereinander je ein leerer Sack mit dem Lochventil aufgeschoben und zugleich ein

Hebel gezogen. Wenn der letzte Sack aufgeschoben ist, hat sich der erste selbsttätig gefüllt, gleitet auf der Schurre zum Förderband und wird durch einen neuen leeren Sack ersetzt. In der Zementindustrie füllt ein Arbeiter mit dieser Maschine etwa 700 Säcke zu 50 kg in 1 Stunde.

Abb. 52 zeigt den Absackapparat „Flux" von vorn, Abb. 53 von hinten. Er wird in den Handel gebracht von der Maschinenfabrik F. L. Smidth & Co. G. m. b. H., Lübeck.

Abb. 52.

Die Packmaschine „Exilor" der gleichen Firma ist fahrbar und ebenfalls für die Zementindustrie erbaut zur Verminderung des Staubes beim Verpacken. Sie arbeitet gleichfalls unfallsicher und praktisch staubfrei, hat jedoch eine geringere Leistung (160—180 Sack zu 50 kg oder 120—140 Sack zu 85 kg je Stunde) als die Absackmaschine „Flux", besitzt aber dafür den Vorteil, daß sie außer zum Füllen von Säcken auch zum Füllen von Fässern geliefert wird (Abb. 54—56).

Das besondere Merkmal der „Exilor"-Packmaschine ist, daß der Sack oder das Faß im luftleeren Raum bis zum gewünschten Gewicht auf einer Wage gefüllt wird. Die Vorrichtung besteht aus einer der

Größe des Sackes oder Fasses entsprechenden Kammer mit großer luftdicht schließender Tür. Im Innern der Kammer befindet sich der eine Hebelarm einer Wage mit der Tragevorrichtung für den leeren Sack oder das leere Faß. Die Kammer steht in Verbindung mit Silo und Vakuumpumpe durch eine Saugleitung, mit der Außenluft durch eine Ventilklappe an dem Ende des Wagebalkens im Innern der Kammer.

Die Arbeitsweise der „Exilor"-Packmaschine ist folgende:

Sobald ein leerer Sack oder Faß an der Wage aufgehängt und die Tür geschlossen ist, schließt der Arbeiter die Ventilklappe. Nach kurzer Zeit ist die Kammer durch die ununterbrochen laufende Vakuumpumpe so stark evakuiert, daß das gemahlene Gut aus dem Silo angesaugt wird und durch einen Füllstutzen in den Sack oder das Faß fällt. Wenn das gewünschte Gewicht erreicht ist, öffnet die Bewegung des Wagebalkens selbsttätig die Ventilklappe, Luft tritt in die Kammer ein, das Vakuum verschwindet und der Zufluß des gemahlenen Gutes hört sofort auf. Durch die Tür, die sich nun leicht öffnen läßt, wird der gefüllte Sack oder das

Abb. 53.

Faß herausgenommen, durch einen leeren ersetzt und die Arbeit beginnt von neuem.

Meist wird der „Doppel-Exilor" mit zwei Kammern verwendet, so daß stets in einer Kammer die Füllung vorgeht, wenn die zweite neu besetzt wird.

Da Fässer mit staubförmigem Gut zur Raumausnutzung gerüttelt und nachgefüllt werden müssen, werden den Fässern beim Einsetzen in die Kammern Blechhauben aufgesetzt, die sich mitfüllen und auf

42 VORRICHTUNGEN ZUM STAUBFREIEN UMFÜLLEN

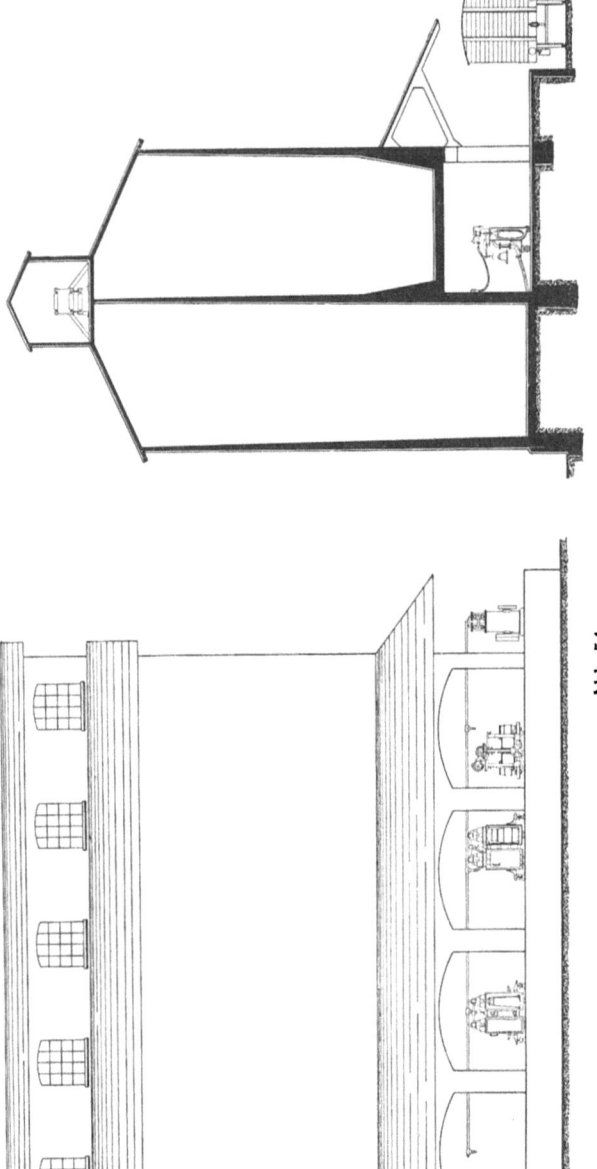

Abb. 54.

den Klopfmaschinen, auf die die Fässer nach dem Füllen kommen, ihren Inhalt an die Fässer abgeben.

Abb. 55.

Die Firma Fried. Krupp, A.-G. Grusonwerk, Magdeburg baut eine von Herrn Dr. Bruhn, Direktor der Guanowerke A.-G., Ham-

Abb. 56.

burg, konstruierte selbsttätige Wäge- und Mischvorrichtung (DRP. 348711), die sich wegen ihres wirtschaftlichen und sicheren Arbeitens, ihrer einfachen Handhabung und unfallsicheren Konstruktion im

Laufe der Jahre in der Superphosphatindustrie zur Beschickung der Aufschließkammern mit Phosphatmehl und Schwefelsäure immer mehr eingeführt und bestens bewährt hat. Da diese Vorrichtung gleichzeitig der Beseitigung des lästigen Staubes und der gesundheitsschädlichen Säuredämpfe Rechnung trägt, verdient sie weiteste Verbreitung auch in der übrigen chemischen Industrie.

Die Welle des Rührtopfes teilt durch ein an ihr befindliches Zahngetriebe dem Wäge- und Einführapparat den Antrieb mit. Die Apparatur besteht aus zwei Hauptteilen, dem einen Teil für die Bewegung und Wägung des Phosphatmehls und dem zweiten für die der Säure. Aber nicht nur das genaue Abwiegen der beiden Stoffe besorgt der Apparat, er befördert ebenso selbsttätig die beiden Stoffe in den Rührtopf, mischt sie hier gründlich durch, zieht die Entleerungsklappe des Rührtopfes und läßt den entstandenen Brei in die Aufschließkammer herunter, sorgt zugleich für vollständige Entleerung und Wiederschließung der Klappe und beginnt dann das Spiel von neuem. Der Gang ist ununterbrochen. Es ist aber Vorkehrung getroffen, daß jeder Arbeitsteil der Maschine erst ordnungsmäßig erledigt sein muß, bevor der nächste einsetzen kann. So z. B. bleibt die Maschine stehen, wenn die Vorratsbehälter für Phosphatmehl oder Säure, aus denen die Maschine die Rohstoffe nimmt, nicht mehr genügend gefüllt sind. Nach Beseitigung dieses Hindernisses setzt sie ihre Arbeit von selbst wieder fort und zählt nicht nur die einzelnen Beschickungen, sondern läßt sich auch auf eine bestimmte Anzahl derselben einstellen (Abb. 57a u. b).

Abb. 57a.

Von der Firma Fr. Hesser, Maschinenfabrik-Aktiengesellschaft, Stuttgart-Cannstatt, wird die unter Nr. 58 abgebildete Maschine gebaut, die ganz selbsttätig aus Pappe Kartons faltet, dicht verklebt und mit bedrucktem Papier beklebt, die noch offenen Kartons unter einen Fülltrichter schiebt, das Material zur Füllung abwiegt oder abmißt, die Kartons vollständig staubfrei füllt, erforderlichenfalls noch eine Druckschrift einlegt, die Kartons dann dicht verschließt, dicht beklebt und auf einem Förderband in den Verpackungsraum befördert. Je nach Pakkungsart und Größe fertigt die Maschine 28—40 ganz gleichmäßige Pakkungen in der Minute und wird nur von zwei Personen bedient, die an der einen Stelle die zurechtgeschnittenen Pappstücke, an der zweiten Stelle die Beklebepapiere, an der dritten Stelle die Reklameeinlagen od. dgl. stapelweise auf die Maschine zu setzen, ihren Gang zu beobachten und

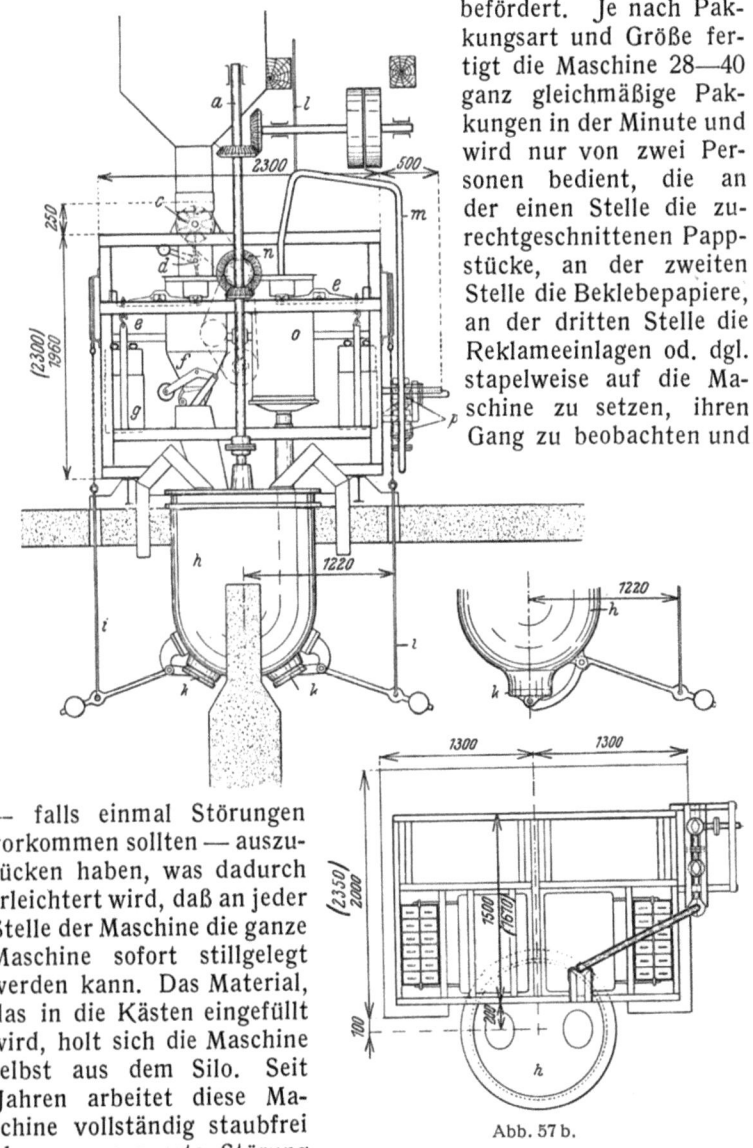

Abb. 57 b.

— falls einmal Störungen vorkommen sollten — auszurücken haben, was dadurch erleichtert wird, daß an jeder Stelle der Maschine die ganze Maschine sofort stillgelegt werden kann. Das Material, das in die Kästen eingefüllt wird, holt sich die Maschine selbst aus dem Silo. Seit Jahren arbeitet diese Maschine vollständig staubfrei ohne nennenswerte Störung zur vollsten Zufriedenheit im Betriebe der Herstellerin des Sichelleims, der Firma Ferd. Sichel Kom.-Ges., Hannover-Limmer. Sie wird zum Abfüllen eines feinpulverigen Trockenleims benutzt. Die

Erbauerin der Maschine liefert allerdings die Staubabsaugung nicht mit. Da aber der Staub nur an einer einzigen Stelle, wo das Pulver in den Karton fällt, entsteht, kann die Staubabsaugung

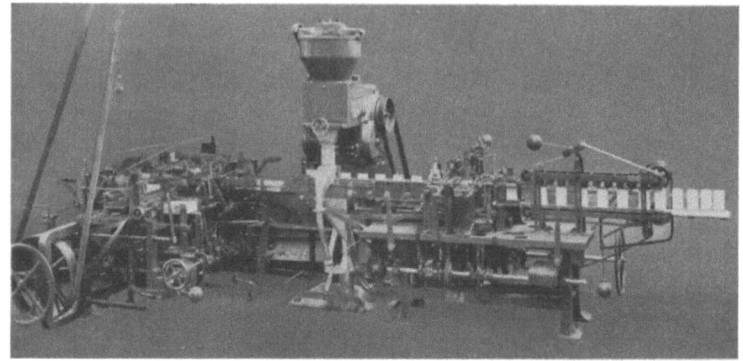

Abb. 58.

von jeder einschlägigen Firma, z. B. Intensiv-Filter G. m. b. H., Barmen, Leimbacher Str. 83/95; Georg Kiefer, Feuerbach b. Stuttgart; J. A. John A.-G., Maschinenfabrik, Erfurt; Paul Pollrich & Co. G. m. b. H., Maschinenfabrik Düsseldorf, leicht angebracht werden.

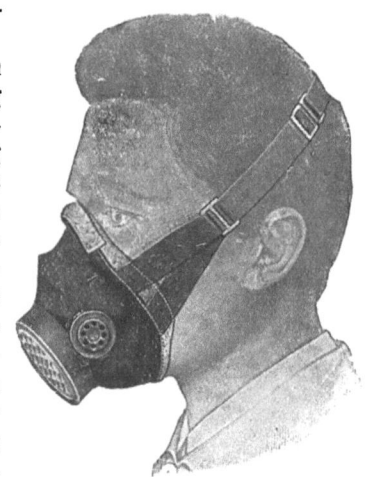

Die Erfahrung in den Betrieben zeigt, daß die Arbeiter zur Behebung der Gesundheitsgefahren durch Einatmung des Staubes die Benutzung der Atemschutzmasken nur als Notbehelf ansehen und diese wegen der Unbequemlichkeit ungern benutzen. Es wird oft von den Arbeitern behauptet, daß diese Geräte die Atmung erschweren, daß sie das Gesichtsfeld einengen und Kopfschmerzen erzeugen. Gleichwohl bürgern sich die Staubmasken immer mehr ein. Am meisten gebraucht werden die Lix-Respiratoren der Deutschen Gasglühlicht-Auer-Gesellschaft. Sie besitzen ein auswechselbares

Abb. 59.

Wattefilter und schließen durch einen Gummiwulst Nase und Mund gegen die Außenluft ab (Abb. 59).

Die Halbmaske des Drägerwerks Lübeck schmiegt sich jeder Gesichtsform luftdicht an, was durch einen Gummidichtrand bewirkt wird. Die Dichtung besteht nicht aus einem Gummiwulst, sondern aus einer einfachen Gummiplatte. Als Staubschutz kann die Halbmaske entweder Nase und Mund (Abb. 60) oder auch nur die Nase (Abb. 61) bedecken.

Einen neuartigen Weg zur Staubabsonderung beschreitet die Firma Karl Breuer Nachf. in Bochum mit ihrer Staubschutzmaske System „Goeke" (Abb. 62). Hier wird der Staub nicht, wie bisher üblich, durch Wattebäusche, sondern durch eine Reihe von feinmaschigen Metallsieben (8 Stück) zurückgehalten, die in Abständen angeordnet sind, so daß die Atmung vollkommen unbeschwerlich erfolgt. Die Reinigung des Filters geschieht leicht durch rückseitiges Durchblasen. Sich bildende Kondensate werden in dem auf der Abbildung sichtbaren Kondensatfänger niedergeschlagen und abgeführt. Ein Betrieb hat auf Anregung eines technischen Aufsichtsbeamten die „Goeke-Maske" im Natriumfluoridbetrieb ausprobiert, in dem ein sehr beweglicher, ganz feiner Staub entsteht. Die Firma war von dem Versuch sehr befriedigt, besonders darüber, daß der Aluminiumrespirator sich leicht reinigen läßt und das Atmen nur kaum fühlbar erschwert.

In elektrochemischen Betrieben sind die Arbeiter vielfach Quecksilberdämpfen ausgesetzt, zu deren Bindung sich Gold in feiner Verteilung als brauchbar erwiesen hat. Nach den Angaben des Patentinhabers, Metzwerke in Frankfurt a. M.-Rödelsheim, werden Faserstoffe, wie Gewebe, Papier, Zellulose, Watte oder körnige Stoffe mit großer Oberfläche, z. B. Holz- und Tierkohle, Kaolin, kohlensaurer Kalk usw., mit einer äußerst dünnen Schicht von kolloidalem metallischen Gold versehen, und zwar entweder durch Zerstäuben von Gold

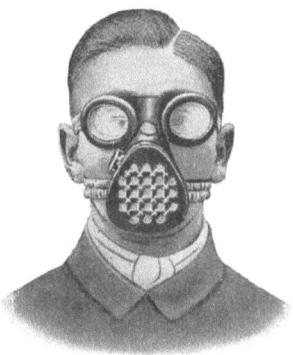

Abb. 60.

Abb. 61.

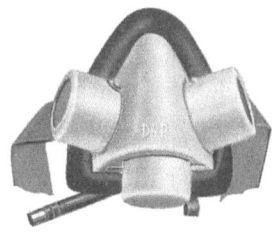

Abb. 62.

oder dadurch, daß die Stoffe mit einer verdünnten Goldsalzlösung durchtränkt und dieses Goldsalz dann nachträglich durch ein Reduktionsmittel in die metallische Form übergeführt wird. Vergoldete Watte kann, anstatt ihrer Unterbringung in Staub-

und Gasmaskenfiltern, unmittelbar in die Nasenhöhlen eingeführt werden.

In letzter Zeit sucht man den Staub von der Einatmung fernzuhalten, indem zwischen die Arbeitsstelle und den Arbeiter ein Luftschleier gelegt wird, der den entstehenden Staub fortdrückt. Dies wird erreicht, indem ein mit feinen Öffnungen versehenes ringförmiges Rohr um den Kopf des Arbeiters oder um die Hand gelegt wird, wenn sie bei der Verrichtung den Staub erzeugt. Das Ringrohr wird durch komprimierte Luft durchströmt, welche beim Ausströmen aus den Düsenöffnungen den Staub fernhält.

Als weiteres Beispiel für den Schutz durch einen Luftschleier zwischen Abfüllstelle und Arbeiter können die Granatenfüllstellen für Binitrobenzol genannt werden; dort wurden durch Luftschleier die Dämpfe von den Arbeitern ferngehalten.

Die aufgeführten, in den verschiedensten Industriezweigen benutzten Entstaubungsanlagen lassen erkennen, daß man vorwiegend den Staub an der Entstehungsstelle abfängt und in geeigneter Weise unschädlich macht. Während die Staubabführung also ziemlich einheitlich ist, muß die Staubabscheidung der Art der Anlage und der Beschaffenheit des Staubes Rechnung tragen. Im allgemeinen wird von einem Ausblasen des Staubes in die Luft schon aus hygienischen Gründen abgesehen werden. Die Staubabscheidung hat sich nach der Menge und dem Wert des zurückzugewinnenden Staubes zu richten.

Wenn sich nun das eine oder andere Verfahren für eine gewisse Staubart oder bestimmte Staubmenge vorzüglich eignet, so darf hieraus noch nicht auf eine allgemeine Bewährung dieses Verfahrens oder eines Bestandteiles der Anlage geschlossen werden. Der Hauptwert bei der Neuaufstellung von Staubabsaugungs- und Staubabscheidungsanlagen liegt nämlich in der genauesten Anpassung an die besonderen Betriebsverhältnisse jeder einzelnen Fabrik unter sachverständiger Beratung durch die erfahrene Lieferfirma. Schließlich ist die gewissenhafte Benutzung und die pflegliche Instandhaltung gerade bei solchen Anlagen von entscheidender Bedeutung für ihren Wirkungsgrad.

Fast in allen Fällen wird eine gute Entstaubungsanlage neben einem gar nicht hoch genug zu schätzenden Vorteil in hygienischer Hinsicht auch einen wirtschaftlichen Nutzen bieten. Aus beiden Gründen wäre es deshalb zu wünschen, daß das Gebiet der Staubbeseitigung in gewerblichen Betrieben in noch höherem Maße, als dies bisher schon geschehen ist, Beachtung finden möchte.

If you have any concerns about our products,
you can contact us on
ProductSafety@springernature.com

In case Publisher is established outside the EU,
the EU authorized representative is:
**Springer Nature Customer Service Center GmbH
Europaplatz 3, 69115 Heidelberg, Germany**

Printed by Libri Plureos GmbH
in Hamburg, Germany